北京理工大学"985 工程"国际交流与合作专项资金资助图书

数字化生产准备技术与实现

张发平（Zhang Faping）

阎艳（Yan Yan）

卢继平（Lu Jiping）　　　　编著

［巴基斯坦］沙赫德（Shahid Ikramullah）

孙厚芳（Sun Houfang）　　　　主审

U0337168

北京理工大学出版社
BEIJING INSTITUTE OF TECHNOLOGY PRESS

图书在版编目（CIP）数据

数字化生产准备技术与实现／张发平等编著 . —北京：北京理工大学出版社，2015.12

ISBN 978 - 7 - 5682 - 1658 - 6

Ⅰ. ①数…　Ⅱ. ①张…　Ⅲ. ①数字化 - 生产准备 - 生产技术　Ⅳ. ①TB

中国版本图书馆 CIP 数据核字（2015）第 307059 号

出版发行／北京理工大学出版社有限责任公司

社　　址／北京市海淀区中关村南大街 5 号

邮　　编／100081

电　　话／（010）68914775（总编室）

　　　　　（010）82562903（教材售后服务热线）

　　　　　（010）68948351（其他图书服务热线）

网　　址／http：//www.bitpress.com.cn

经　　销／全国各地新华书店

印　　刷／保定市中画美凯印刷有限公司

开　　本／710 毫米×1000 毫米　1/16

印　　张／14.75　　　　　　　　　　　　　　责任编辑／钟　博

字　　数／275 千字　　　　　　　　　　　　　文案编辑／钟　博

版　　次／2015 年 12 月第 1 版　2015 年 12 月第 1 次印刷　　责任校对／周瑞红

定　　价／46.00 元　　　　　　　　　　　　　责任印制／王美丽

前　言

　　生产准备占产品制造过程 60% 以上的工作内容，它涵盖了毛坯、工艺、工装、设备等准备工作及准备过程的信息组织管理，是整个产品生产过程的重要组成部分，对产品从研制到量产的转换起着重要的作用，对生产质量、生产时间和生产成本都有极大的影响。工业化和信息化"两化"融合技术的发展，特别是数字化设计、制造及管理技术的发展，为生产准备提供了更多数字化技术支撑手段，因此越来越多的研究转向了数字化的生产准备。随着现代制造模式从大批量生产向多品种小批量生产方式转变，以及人们对产品生产周期、质量和成本要求的提高，人们对生产准备的要求也越来越高。

　　数字化的生产准备技术以相似性、成组技术（GT）等为基础，以数字化技术为手段，根据产品的设计要求和企业的制造资源现状，采用先进的方法合理设计、安排产品从研制到量产转变所需的技术和制造资源，使产品的制造具有高效率、高质量、低消耗的特点，保证产品达到质量标准，满足产品制造周期、质量和成本等的要求，并优化制造资源的配置，提高企业在全球化市场的竞争力。

　　本书以作者及其所在的课题组多年从事生产准备相关技术的研究为基础，综合介绍数字化生产准备的最新研究成果，内容涵盖生产准备的技术基础、生产准备所涉及的内容和相应技术支撑手段以及发展趋势。

　　该书可作为工科研究生的学习教材，也可作为相关专业工程技术人员的参考用书。本书的相关研究工作得到了国家自然科学基金（NSFC）、总装备部、国防科技工业局等单位的资助。本书内容借鉴了北京理工大学生产准备课题组和工业工程研究所的众多硕士研究生和博士研究生以及博士后研究人员的工作，他们是：宫琳、高博、慈建平、李梦群、顾嘉、靳勇强、韩文立、翟德慧、刘长猛等。同时巴基斯坦国立大学的沙赫德教授也参与了本书的部分编撰工作，在此一并表示致谢。本书的出版得到了北京理工大学"985 工程"国际交流与合作专项资金的资助和国家外国专家局"外国文教专家项目"的大力支持，在此表示衷心的感谢。

编　者

2015 年 11 月

目　录

第一章

绪　　论

1.1　引　　言

制造业是指将制造资源按照市场要求，通过生产过程，转化为可供人们使用的大型工具、工业品与生活消费产品的行业。制造业是国民经济的主体，是创造社会财富的重要途径之一，也是国家创造力、竞争力和综合国力的重要体现。制造业直接体现了一个国家的生产力水平，是衡量一个国家的国际竞争力的重要标志，是区别发展中国家和发达国家的重要因素，制造业在世界发达国家的国民经济中占有重要份额。

18 世纪中叶人们开启工业文明以来，世界强国的兴衰史和中华民族的奋斗史一再证明，没有强大的制造业，就没有国家和民族的强盛。载人航天工程的发展揭示了自主创新是我国制造业发展的必然选择。打造具有国际竞争力的制造业，是我国提升综合国力、保障国家安全、建设世界强国的必由之路。

生产准备在制造业中占有非常重要的地位，是产品从设计到制造阶段的必要途径，为生产制造创造条件，是把科学技术转化为生产力的重要环节。生产准备技术是提高制造水平的关键环节，是提高产品质量、提高制造效率的最活跃的因素。

1.2　生产准备的基本概念

生产准备是指从新产品设计结束到产品最后批量投产之前，为了确保新产品能够按计划顺利进行试产、批量生产以及保证产品质量而进行的一切准备工作，包括技术准备和生产资源的准备。这一活动过程通常也称为生产准备阶段。生产准备工作占产品制造过程 60% 以上的工作内容，涵盖了毛坯、工艺、工装（刀具、辅具、量具、夹具、模具）、设备等的准备工作及准备过程的信息组织管理。生产准备的技术水平直接影响产品的研制周期和批量生产过程的效率和质量。因此为了保证产品质量、降低生产成本、缩短生产周期、提高企业的自身竞争力，对生产准备相关领域的研究是十分必要的。

1.3　生产准备的内容

生产准备工作的基本任务是根据产品设计要求，采用先进的工艺方法，考虑企业自身的制造资源以及周围企业可使用的资源状况，使产品的制造具有高效率、高质量、低消耗的特点，保证产品达到设计质量标准，满足用户的需求。生产准备工作作为制造过程的先行部分，其内容视产品要求、生产类型及企业的具体条件而定。其一般包括生产技术准备和生产管理准备。生产技术准备根据产品图样和技术文件的要求，采用先进工艺和科学管理方法将人、机、料、法、环、测、资、能、管等合理地组织起来，是为使产品制造质量稳定地达到设计要求而作的技术准备和安排。

生产技术准备工作是指企业在新产品或改进的老产品投入生产前所进行的一系列生产技术上的准备工作。因企业类别不同，其内容也不可能完全相同，以机械工业企业为例，生产技术准备工作一般包括产品设计准备、工艺准备、工艺装备的准备、产品试制和鉴定定型等。

（1）产品设计准备：产品设计准备是生产技术准备工作的首要环节。其工作内容是：在制定技术任务书的基础上进行产品的试验研究、技术设计、设计的可行性评价、工作图设计和整套设计文件的编制。

（2）工艺准备：工艺准备为设计的产品提供制造方法。它是生产技术准备工作的主要环节。在进行大批量生产的企业中，工艺准备的工作量约占全部生产技术准备工作量的 60% 以上。工艺准备也是设备选择、人员培训和调整劳动组织等方面的准备工作的依据。工艺准备的主要内容有 3 个方面：产品设计的工艺性审查和分析、拟定工艺方案和编制工艺文件。

（3）工艺装备的准备：工艺装备简称工装，包括刀具、工具、量具、夹具、模具。工艺装备的准备就是根据工艺技术的需求，考虑现有的生产设备状况，为保证生产工序的顺利进行而为各生产工序设计和制造必要的工艺装备。

（4）产品试制、鉴定和定型：该工作通过样机和小批产品的试制和鉴定来验证产品设计、工艺方法和技术以及生成设备调整是否达到预期目标。产品的鉴定原则除要检查产品是否符合规定的技术要求外，还应检查其是否符合国家和国际标准，是否符合用户的需要和生产企业的生产技术条件。

（5）其他技术准备工作：机械工业企业的生产技术准备还包括针对企业新老产品交替所应作的生产技术准备工作。

生产管理准备是指除了生产技术准备之外的为保证产品生产的顺利进行所作的一切准备工作，包括工装的制造和管理、人员的培训、设备调整和检修工作（包括还需设计和制造的专用设备），以及根据计划产量所需的各种材料、元器件的合同签订等准备、由新产品的投产和工艺改革所引起的劳动组织的调整和对操作者的技术培训等。

随着计算机技术及信息技术的不断发展，企业的信息化与集成化程度越来越高，生产准备所研究的内容也在不断发生变化。因此现今的生产准备不仅包括传统意义上的工艺设计、工装准备等内容，还包括为满足生产准备集成化的要求，对生产准备与上游产品设计环节之间以及生产准备与下游生产计划、产品加工之间的集成技术的研究。

1.4　生产准备的基本原则

1）效率

生产准备是根据现有制造资源状况和产品设计要求，合理组织安排制造资源，以求在兼顾成本、安全的基础上以最小的投入获得最大的产出，在生产准备过程中要确保生产过程的高效。因此效率是生产准备过程必须遵守的原则。

2）成本

产品在生产准备阶段和生产制造阶段所发生的成本是产品寿命周期成本的两个重要组成部分，前者是在进行生产准备时所发生的成本，后者是在由生产准备所规划的制造过程中所发生的成本，因此生产准备时要对这两方面的成本综合考虑，既不要片面追求对生产成本的控制，而导致生产准备成本过高，也不要由于生产准备阶段投入不足，准备不充分而导致制造过程成本过高，要统筹兼顾，使综合效益成本最优。

3）及时

生产准备的及时性原则包括两层含义。一方面，生产准备是为产品的生产制造提供技术和管理的服务，以便生产制造能够顺利进行，而服务本身的属性之一便是及时性，因此生产准备要为制造的进行提供及时的服务。另一方面，在进行生产准备的同时，要考虑其所服务的对象，即生产制造过程的及时性，以保证产品能够保质、保量、及时地被交付用户使用。

4）安全

安全生产是生产准备过程要考虑的首要目标，在对制造过程进行规划时，要考虑制造过程中可能出现安全性问题的环境，评估安全性风险，在工艺规划和制造资源使用时，降低安全性问题发生的可能性，规划相应的安全防护措施，降低危害发生的严重性，确保安全生产。

1.5　生产准备技术的发展趋势

云计算、大数据、物联网、移动互联网等一系列信息技术的发展与应用，给制造业技术注入了新的技术内涵，形成了新一代集成协同技术、云制造技术、工业大数据、智能制造技术、3D打印制造技术、制造服务技术等新的技术发展方向，其加速推动制造业向服务型制造、智能制造、绿色制造等高端制造转型升级，促进信息化与工业化深度融合。因此生产准备技术也要顺应技术的发展趋势，向数字化、智能化、网络化和集成化方向发展。

1）数字化

生产准备数字化是生产准备发展的必然趋势，一方面生产准备所接收的产品设计信息是全三维的数字化设计模型，对其处理必须采用数字化的手段，如在三维环境下的工艺编制、设计模型的转换等；另一方面，生产准备所涉及的制造资源数字化程度越来越高，如数控机床、自动化的立体仓库等，对这些设备的准备要求采用数字化的手段；第三方面，生产准备的工具、手段、环境的数字化模式已经确立，如三维工艺设计、三维工装设计和准备、基于虚拟现实的生产过程仿真等。

数字化生产准备是指以数字化形式表述生产准备的相关信息，进行生产准备的相关工作，为下一步的生产作好技术和硬件准备。数字化生产准备涵盖了一个相当广泛的领域。在如此宽广的范围内，如何使其中的信息进行高效的交流、集成，以利于生产效率的提高一直是有关研究人员关注的重点之一。

2）集成化

生产准备是一项系统而又庞杂的工作，涉及多个环节和因素，而且需求信息和信息源的多样性造成生产准备难以与上下游环节无缝集成，甚至生产准备各环节仍以"自动化孤岛"的方式独立运行，长期未能实现与产品设计系统的实质性集成。要想高效组织生产准备过程，必须以对要素的整合为手段，对其所涉及的产品、技术、过程、功能、信息和管理等方面进行集成统一管理，达到系统增效的目的。集成化是发展先进制造技术的有效方法，也是生产准备发展的必然方向。生产准备集成化包括三个方面：技术的集成、管理的集成、技术与管理的集成。

3）网络化

随着制造技术向网络化方向发展，制造过程所涉及的范围也在扩大，尤其是基于供应链的制造，这会造成制造资源和制造过程的多地分布性，形成基于网络的分布式网络化制造，给生产准备工作带来一定的难度。因此生产准备也要具网络化的能力来处理分布的制造资源信息。同时这种复杂性也导致集中在一个地方的生产准备难以应对分布式的制造所带来的挑战，必须基于网络，从多地获得生产准备的技术和资源，以完成生产准备工作。

4）智能化

产品功能的多样化、性能的提升所导致的结构复杂化和精细化，使得产品所包含的设计信息和工艺信息量猛增，也使得生产线和生产设备内部的信息流量增加，制造过程和管理工作的信息量也剧增，制造系统由原先的能量驱动型转变为信息主导下的能量驱动型。另外，各种智能技术在制造过程中的应用提升了制造过程的智能化，出现了智能制造技术和智能制造系统。这些复杂的产品信息和工艺信息以及制造资源智能化水平的提高，使得生产准备过程所处理的信息量也剧增。面对这些激增的信息量，需要进行智能化生产准备处理才能规划出合理高效的制造过程，因此智能化的生产准备是今后发展的必然趋势。

第二章

现代生产准备的技术基础

2.1 相似制造工程

相似制造工程运用相似论的基本观点对面向产品全生命周期制造活动中大量存在的相似现象和原理进行探讨，研究包括产品的设计开发、生产的技术准备、现场制造、产品售后服务、企业管理等制造领域中广泛存在的相似运动、相似联系与相似创造规律，充分发掘利用这些相似性，以提高制造过程的效率[1]。

相似制造工程是相似论哲理在制造系统中的工程体现。实施相似制造工程有利于企业资源的重用，有利于产品的继承创新与企业设计技术和过程技术的集成创新，还有利于企业核心竞争能力的培养。相似制造工程实现的技术手段之一是成组技术的采用，运用成组技术可集成企业的制造系统。

对相似制造工程的指导性理论主要包括相似三定律和相似三定理。

（1）相似三定律：相似运动律、相似联系律、相似创造律。

（2）相似三定理：相似正定理、π 定理、相似逆定理。

1. 相似三定律

1）相似运动律

客观物质运动的相似性和人们认识运动中的相似性，决定了人在改造客观世界中思维与行为的相似性以及在创造上的相似性，而这三方面的相似性决定了人类社会运动发展过程的相似性。所以，自然界的运动、人类思维的运动和社会的运动，都是这样由低级到高级、由简单到复杂，在相似的同与变异中进行的。

2）相似联系律

人们原来认为本质不同的东西可以通过相似性中介而联系，从而使它们能相互转化、相互作用、相互依存和相互制约。系统中各单元、各层次、各子系统之间都是通过某种相似性的中介而联系的。系统中的这种联系不是一种假定，而是真实存在的。一切事物都是通过相似性中介而联系的。

3）相似创造律

我们现在所进行的创造，一方面是认识自然界的相似运动、相似联系中的某些原理而去进行的创造；另一方面是在前人成果的基础上，进行某些相似的改进、相似的综合而进行的创造。一切创造，无论是自然界的创造还是人类的创造，都是基于某种相似性而进行的。

2. 相似三定理

在工程技术中，人们广泛运用相似性思维，如现在广泛使用的模型学、模拟技术和仿真技术，大都是建立在物理相似三定理基础上的应用或推广。牛顿早在 1686 年就想建立一个论述物理中相似性的数学模型，直到 1848 年法国的别尔特兰才确定了物理相似现象的基本性质，即相似第一定理（相似正定理），1925 年爱林费斯特建立了相似第二定理（π 定理）；后来苏联的基尔皮契夫等建立了判别物理现象相似的充分必要条件的相似第三定理（相似逆定理）。

（1）相似第一定理。其基本思想可归纳如下：假设两个物理体系相似，它们必须由同一方程式描述，且各变量之间保持一定的比例，即相似常数。

（2）相似第二定量（π 定理）。设一个物理系统有 n 个物理量，其中有 k 个物理量的量纲是相互独立的，那么这 n 个物理量可表示成相似准则 π_1，π_2，$\cdots$，π_{n-k} 之间的函数关系，即：

$$F(\pi_1，\pi_2，\cdots，\pi_{n-k})=0 \qquad (2-1)$$

（2-1）式称作准则关系式或 π 关系式，式中的相似准则称为 π 项。

（3）相似第三定理（相似逆定理）。对于同一类现象，如果单值量相似，而且由单值量所组成的相似准则在数值上相等，则现象相似。其中单值量是指单值条件中的物理量，而单值条件是将一个个别现象从同类现象中区分开来，亦即将现象群的通解转变为特解的具体条件。单值条件包括几何条件、物理条件、边界条件。现象的各种物理量，实质都是由单值条件引出的。

相似第三定理由于直接同代表具体现象的单值条件相联系，并且强调了单值量相似，因而显示出科学上的严密性。相似第一定理是从现象已经相似的这一事实出发考虑问题的，它研究的是相似现象的性质。相似第三定理是构成现象相似的充要条件[2][3]。

2.2 成组技术

随着精益生产、准时生产、柔性制造技术、计算机集成制造及新的生产规划与控制哲理的涌现，成组技术经历了 20 世纪 70 年代的低迷以后，现在又开始复兴[4]。在计算机集成制造中，成组技术被认为是首要必备的简化方法论，也是集成的哲理；单元制造也是准时生产系统的核心要素，是成组技术在制造系统规划上的应用。

2.2.1　成组技术的概念

成组技术是一门生产技术科学,其研究如何识别和发掘生产活动中有关事物的相似性,按照一定的准则把相似问题归类成组,以便对同组事物能够采用同一方法进行处理,寻求解决这一组问题相对统一的最优方案,以期取得良好的经济效益[5]。它已涉及各类工程技术、计算机技术、系统工程、管理科学、心理学、社会学等学科的前沿领域。日本、美国、苏联和联邦德国等许多国家把成组技术与计算机技术、自动化技术结合起来发展成柔性制造系统,使多品种、中小批量生产实现高度自动化。全面采用成组技术会从根本上影响企业内部的管理体制和工作方式,提高标准化、专业化和自动化程度。在机械制造过程中,成组技术是计算机辅助制造的基础,将成组哲理用于设计、制造和管理等整个生产系统,可改变多品种小批量生产方式,获得最大的经济效益。

成组技术是一门涉及多种学科的综合性技术,其理论基础是相似性,核心是成组工艺。目前,成组工艺与系统论、计算机技术、相似理论、数控技术、方法论等学科相结合,形成了成组技术。应用成组技术,不仅表现在减少机动时间等直接可计量的效益,而更重要的还表现在间接的、不可计量的效益,如缩短生产周期,减少在制品的数量和成品、半成品的库存量,减少工艺装备的数量,缩短零件的运输路线,简化生产管理等。

2.2.2　成组技术的发展历史

成组技术从 20 世纪 50 年代由苏联专家提出至今,已经历了近 60 年的发展和应用历程,作为一门综合性的生产技术科学,它是计算机辅助设计、计算机辅助工艺过程设计、计算机辅助制造和柔性制造系统等的技术基础。

成组技术是为了适应产品多样化的要求,由苏联的米特洛范洛夫教授提出并发展起来的,它以相似理论为指导,研究如何判别和发掘生产活动中有关事物的相似性,并把相似问题归类成组,寻求解决这一组问题相对统一的最优方案,以取得所期望的经济效益。

自 20 世纪 60 年代初开始,我国就在机床、工程机械、飞机及纺织机械等机械制造业中推广应用成组技术,并且成效显著。近年来,为适应我国经济建设的需要,要求机械业加速技术改造的步伐,尤其是需要对占重要比例的中、小型企业引进生产技术和组织管理的革新工作。因此,成组技术再度受到国家有关部、局和研究所及高等院校、工厂企业的重视。目前,我国正积极开展这一方面的科学研究、人才培训和推广应用等工作。原机械部设计研究院负责组织研制的全国机械零件分类编码系统 JLBM.1,对我国推广应用成组技术起到了非常重要的推进作用。我国不少高等工业院校结合教学和科研工作,在成组技术基本理论及其应用方面，如零件分类编码系统，零件分类成组方法和计算机辅助编码，分类、工艺设计、零件设计、生产管理的软件系统等方面都开展了许多研究工作，并取得了不少成果。近几年，一些工厂的实践经验表明，应用成组技术的经济效益是十分显著的。可以相信，随着科研工作的持续开展和应用推广的不断深入，成组技术对提高我国制造技术和生产管理水平将发挥日益重要的作用。

2.2.3　成组技术的基本原理

相似理论，是关于自然界和工程中各种相似现象相似原理的学说，是研究自然现象中个性与共性，或特殊与一般的关系以及内部矛盾与外部条件之间的关系的理论，是成组技术的理论基础。

成组技术应用于机械加工方面，就是将多种零件按其工艺的相似性分类成组以形成零件族，把同一零件族中分散的小生产量汇集成较大的成组生产量，以较大的成组生产量来组织生产，从而使小批量生产能获得接近大批量生产的经济效益。这样，成组技术就巧妙地把品种多转化为"少"，把生产量小转化为"大"，由于主要矛盾被有条件地转化，这就为提高多品种、小批量生产的经济效益提供了一种有效的方法。

成组技术的基本原理是符合辩证法的，所以它可以作为指导生产的一般性方法。实际上，人们很早就在应用成组技术的哲理指导生产实践，诸如生产专业化、零部件标准化等皆可以认为是成组技术在机械工业中的应用。现代发展了的成组技术已广泛应用于设计、制造和管理等各个方面，并取得了显著的效益。生产事物的相似性是客观存在的，这不仅为人的一般常识所认可，而且也被统计学所证实。用统计学的方法统计事物的某些特征属性出现的频率，可以从总体上定量地说明事物客观存在的相似性。如捷克和德国机床产品的各类零件的统计资料表明，零件间的相似性已超越国界，它确实是客观存在的，且遵循一定的分布规律。英国机床业不同时期内几种主要加工设备需要量的资料表明：相对稳定的各类零件的构成比例适应各类机床的数量。由此可以认为，根据一定生产任务，配备与之相适应的各类机床数量，在较长的一段时间内是能够满足产品不断更新换代的生产要求的，这就科学地证明了成组技术实施的延续性，即产品（同类型或相近类型）的更新换代将不会影响成组技术的继续实施。零件统计学不仅为成组技术的创立提供了可以信赖的科学依据，也是在实施成组技术的过程中充分认识和利用有关事物相似性的有用的科学方法。成组技术的基本原理要求充分认识和利用客观存在着的有关事物的相似性，按一定的相似标准将有关事物归类成组是实施成组技术的基础。

运用相似制造论挖掘机械制造中的相似性就是成组工艺，运用相似制造论进行工艺装备设计就是成组工装，运用相似制造论进行机床设计就是成组机床，运用相似制造论进行生产单元设计就是成组生产单元，运用相似制造论进行生产管理就是成组生产管理。

2.2.4 成组编码

成组技术是以零件结构和工艺相似性为基础来管理组织生产准备和生产过程的方法。零件分类编码是成组技术的重要组成部分，借助一定的分类编码系统，可以反映出零件固有的功能、名称、结构、形状、工艺、生产等信息。利用分类码，可以按照结构相似性或工艺相似性的要求，划分出结构相似或工艺相似的零件组。

成组技术处理问题的一般过程是：首先使产品品种合理化，进行价值分析并简化结构设计，采用分类编码以减少零部件的种类，建立成组单元，贯彻单一循环的短周期小批量生产计划，实行成组作业进度计划。

因此成组编码是成组技术的实现工具之一，通过一定的码位设置，把零件、工艺、工装等生产准备过程所涉及的对象进行编码表示，可以把这些对象的相似性进行一定的程度的量化，为实现相似制造工程奠定基础。成组技术编码系统的结构是多种多样的，归纳起来有以下几种形式：链式结构、树式结构、混合结构、矩阵结构及柔性编码[6]。使用时可以根据实际情况选定。

1. 链式结构

链式结构的各码位之间的关系是并列的、平行的，每个码位内的各特征码具有独立的含义，与前后位置无关。其具体结构如图2.1所示。

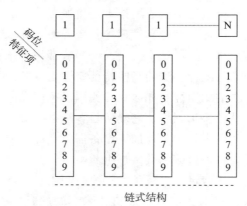

图2.1 零件分类编码系统的链式结构示意

2. 树式结构

树式结构的各位码之间是隶属关系，即除第一码位内的特征项外，其他码位特征的确切含义都要根据前一位来确定。其具体结构如图2.2所示。

3. 混合结构

混合结构分类编码系统兼有链式结构和树式结构的长处，许多零件分类编码系统都是由混合环节组成的。其具体结构如图2.3所示。

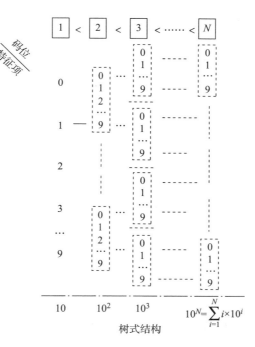

图 2.2 零件分类编码系统的树式结构示意

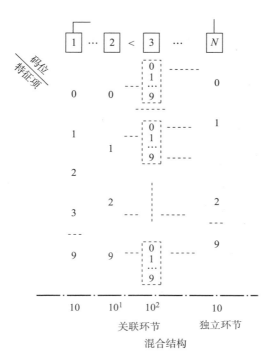

图 2.3 零件分类编码系统的混合结构示意

树式结构所包含的信息量最大，混合结构次之，链式结构最少。但是由于树式结构各码位的代码所包含的信息不固定、不唯一，而受前一位的限制，因此不便记忆和使用，而链式结构正好与其相反，便于记忆但信息容量小，所以多采用两者兼有的混合式结构。如德国的 OPITZ 系统是一个十进制九个码位的混合结构分类编码系统，其结构简单，系统性好，信息排列规律性强，便于使用和记忆，但分类标志不全，易产生多义性。日本的 KK-3 系统是个供大型企业用的十进制二十一位码位的混合结构系统，其采用零件的功能和名称作为标志，便于设计部门检索[7]。

成组编码应用在企业信息编码，其设计的基本原则包括以下几点[8]：

（1）唯一性。每一个编码对象仅有一个代码，一个代码只代表一个编码对象。

（2）合理性。编码结构要与分类体系相适应。

（3）可扩充性。必须留有适当的后备容量，以便适应不断扩充的需要。

（4）简单性。编码结构应该尽量简单，以便提高处理效率。

（5）适用性。编码要尽量反映编码对象的特点，以有助于记忆，便于填写。

（6）规范性。编码的类型、结构及格式都必须统一。

2.3　相似性分析技术

通过对事物（系统）的具体属性或特征的观察，找出事物（系统）间存在的相似特性，实现相似大小的度量，阐明相似性的形成原理与演变规律，正确认识相似性，利用相似性，是相似性分析的目的。为了达到这一目的，人们提出了多种相似性分析技术。

2.3.1　相似类型

根据相似性是从自然形成的，还是由人工实现的，相似类型分为自然相似与人工相似；从事物的抽象程度上考虑，相似类型有一般相似和具体相似；从事物的种类和层次考虑，相似类型有它相似、自相似、同类相似、异类相似；从事物相似性的精确度——模糊度量的程度考虑，相似类型有精确相似、可拓相似、模糊相似与混合相似。下面只对上述相似类型中的精确相似、模糊相似、可拓相似、混合相似的概念进行阐述。

（1）精确相似。在一组物理现象中，其对应点上的基本参数之间成固定的数量比例关系，这一组物理现象为精确相似。相似现象是通过各种物理量相似来表现的，这里的物理量实际上就是特征值。特征相似是多方面的，有几何的、物理的、化学的、生物学的。对于精确相似现象，服从同一自然规律的可用相同的数学方程式来描述，精确获取相似特性的特征值，计算特征值的比例系数，从而实现对相似程度的精确度量。例如，两个相似三角形的各对应角相等、各对应边长的比例相等，它们都有精确的数值，这种相似就是精确相似。

（2）可拓相似。有的相似特性可精确度量出相似程度，却不满足一切特性均精确相似，而是有的特性的相似程度为零，即有不相似性，这种相似称为可拓相似。对于可拓相似采用可拓集合和可拓相似元来解决。

（3）模糊相似。美国计算机与控制论专家 L. A. Zadeh 总结出一条互克性原理："随着系统复杂性的增长，对其特性作出精确而有意义的描述的能力相应地降低，直到达到一个阈值，一旦超过它，精确性和有意义性成为两个互相排斥的特征"。这也就是说模糊性来源于复杂性，复杂程度越高，模糊性越强，精确化程度越低。模糊数学就在"高复杂性"和"高精度"之间架起一座桥梁[9]。模糊数学可以使模糊现象达到精确的目的，对一个复杂的巨系统，要求过分精确，反倒模糊，而适当的模糊却可达到精确的目的。事物（系统）间的不少相似特性不能用经典数学描述，其相似性都带有一定的模糊性。模糊的特性相似，称为模糊相似，如工艺过程的相似性。模糊相似特性的特征值比例系数，称为模糊特征值比例系数。显然，模糊相似特性不能完全用经典数学描述，不能精确度量相似程度，只能借助模糊数学处理，确定其模糊相似程度。

（4）混合相似。对于事物（系统）相似而言，事物间可能存在多种相似特性。由一些相似特性可以精确度量出相似程度，另一些特性只能用模糊数学处理，而且，其中可能出现一些不相似的特性。这样的事物相似就是混合相似。对于事物间的混合相似来说，必须对事物的各个相似特性分别进行识别考察，采用相应的方法处理。凡是能精确度量的相似程度尽可能使之精确化，不能精确度量的，借助可拓集合和模糊数学来获取特征值，以达到相对精确计算其相似程度的目的。

2.3.2　模糊聚类分析

按确定的标准对客观事物进行分类的数学方法称为聚类分析。聚类分析是数量统计中多元分析的一个分支，它是一种硬划分，把每个待分类的对象严格地划分到某个类中，具有非此即彼的性质。由于现实的分类往往伴随着模糊性，所以用模糊理论进行聚类分析会显得更自然、更符合客观实际。用模糊理论进行聚类分析的方法称为模糊聚类分析[10][11]。

在相似制造工程中，运用模糊聚类原理进行零件的分类，以便进行零件库的建立、工艺库等的建立；进行客户需求的分类，以便认清客户的需求，建立面向客户的产品模型。

模糊聚类分析的步骤大致如下：

设被分类的集合 $X = \{x_1, x_2, \cdots, x_n\}$，为使分类效果良好，应选取具有实际意义且具有较强分辨性的统计指标。现确定 X 中的每一个元素 x_i（$i = 1, 2,$

$\cdots$, n) 有 m 个统计指标，$x_i = (x_{i1}, x_{i2}, \cdots, x_{ij}, \cdots, x_{im})$，其中分量 x_{ij} 表示第 i 个元素的第 j 项统计指标值（$i = 1, 2, \cdots, n$；$j = 1, 2, \cdots, m$）。

第一步：标定。

设 $X = \{x_1, x_2, \cdots, x_n\}$ 是待分类对象的全体，它们都有 m 个特征，建立模糊相似矩阵 $\boldsymbol{R} = (r_{ij})_{n \times n}$ 的过程称为标定，r_{ij} 表示对象 x_i 与 x_j 按 m 个特征相似的程度，叫作相似系数。显然标定的关键是如何合理地求出 r_{ij}。

求相似系数的方法，从大类来分有相似系数法、距离法、主观评定法三种，相似系数法又可分为数量积法、夹角余弦法、相关系数法、指数相似系数法、非参数方法、最大最小法、算术平均最小法、几何平均最小法；距离法又可分为绝对值指数法、绝对值倒数法、绝对值减数法。详细方法请参阅参考文献 [10]、[11]。具体使用时根据实际情况选择其中一种方法。

第二步：聚类。

用上述方法得到的模糊关系 $\boldsymbol{R}$ 如果是模糊等价关系，就可直接按模糊聚类分析定理直接进行聚类。但多数情况下只能得到模糊相似关系，即对应的模糊相似矩阵 $\boldsymbol{R}$ 只满足自反性和对称性，不能满足传递性。因此，还应根据模糊相似矩阵传递闭包存在定理将模糊相似关系改造为模糊等价关系，然后再进行聚类分析。

2.3.3　模糊综合评判原理

按确定的标准，对某个或某类对象中的某个因素或某个部分进行评价，称为单一评价。从众多的单一评价中获得对某个或某类对象的整体评价，称为综合评价。综合评价在日常生活和科研工作中是经常遇到的问题。在实际应用中，评价的对象往往受各种不确定因素的影响，其中模糊性是最主要的。这样，将模糊理论与经典综合评价方法相结合进行综合评判将使结果尽量客观，从而取得更好的实际效果。

在相似制造工程中，可以运用模糊综合评判原理来进行设计结果的综合评价、可制造性的综合评价、合作伙伴的优选评价等。

下面介绍模糊综合评判的数学模型。

模糊综合评判是在模糊环境下，考虑多种因素的影响，为达到某种目的而对某一事物作出综合决策的方法。

设有两个有限论域：$U = \{x_1, x_2, \cdots, x_n\}$，$V = \{y_1, u_2, \cdots, y_m\}$。其中，$U$ 代表综合评判的多种因素组成的集合，称为因素集；V 为多种决断构成的集合，称为评判集或评语集。一般的，因素集中各因素对评判事物的影响是不一致的，所以因素的权重分配是 U 上的一个模糊向量，记为：$\boldsymbol{A} = (a_1, a_2, \cdots, a_n)$ $\in \boldsymbol{F}(U)$。其中，a_i 表示 U 中第 i 个因素的权重，且满足：

$$\sum_{i=1}^{n} a_i = 1 \qquad (2-2)$$

此外，m 个评语并非绝对肯定或否定，因此综合后的评判可看作 V 上的模糊集，记为：$B = \{b_1, b_2, \cdots, b_m\} \in F(V)$。其中，$b_j$ 表示第 j 种评语在评判总体 V 中所占的权重。

如果有一个从 U 到 V 的模糊关系 $R = (r_{ij})_{n \times m}$，那么利用 R 就可以得到一个模糊变换 T_R。因此，便有如下结构的模糊综合评判数学模型：

（1）因素集 $U = \{x_1, x_2, \cdots, x_n\}$；

（2）评判集 $V = \{y_1, u_2, \cdots, y_m\}$；

（3）构造模糊变换

$$T_R: F(U) \rightarrow F(V)$$
$$A \mapsto A \circ R \tag{2-3}$$

其中，R 为 U 到 V 的模糊关系矩阵，$R = (r_{ij})_{n \times m}$。

这样，由 (U, V, R) 三元体构成了一个模糊综合评判数学模型。此时，若输入一个权重分配 $A = (a_1, a_2, \cdots, a_n) \in F(U)$，就可以得到一个综合评判 $B = \{b_1, b_2, \cdots, b_m\} \in F(V)$，即

$$(b_1, b_2, \cdots, b_m) = (a_1, a_2, \cdots, a_n) \circ \begin{bmatrix} r_{11} & r_{12} & \cdots & r_{1m} \\ r_{21} & r_{22} & \cdots & r_{2m} \\ & & \cdots\cdots & \\ r_{n1} & r_{n2} & \cdots & r_{nm} \end{bmatrix} \tag{2-4}$$

其中

$$b_j = \bigvee_{i=1}^{n} (a_i \wedge r_{ij}), \quad j = 1, 2, \cdots, m \tag{2-5}$$

如果 $b_k = \max\{b_1, b_2, \cdots, b_m\}$，则综合评判结果为对该事件作出决断 b_k。

综合评判的核心在于"综合"。众所周知，对于由单因素确定的事物进行评判是容易的。但是，一旦事物涉及多因素，就要综合诸因素对事物的影响，作出一个接近实际的评判，以避免仅从一个因素就作出评判而带来的片面性，这就是综合评判的特点。

参考文献［12］、［13］建立起了引信产品可生产性的评价指标体系，其包含 29 项指标，分为 3 个层次，采用视在分数为指标赋值，采用线性加权增益型评价模型进行综合评价。这涉及多层次综合模糊评判的问题。

2.3.4　相似性推理方法

常用的相似性推理方法包括海明距离法、最大最小法、区间平均法、加权区间平均法，但这四种方法的数据精度不够高。下面以一种相似性推理方法——区间交集法为例来详细说明。

在大多数情况下，区间交集法比前面提到的四种方法效果要好，它能提高推理出的相似性数据的精度。

1. 相似性推理问题描述

相似推理问题可以用式（2-5）的矩阵形式来描述。矩阵 $\boldsymbol{R} = (r_{ij})_{n \times n}$（$i$，$j = 1$，$2$，$\cdots$，$n$）表示 n 个样本零件的完全成对相似性比较数据，$r_{ij} \in [0, 1]$，表示第 i 个零件与第 j 个零件的相似度。r_{ij} 值越大，两个零件的相似程度越高。$r_{ii} = 1$，$r_{ij} = r_{ji}$（i，$j = 1$，2，$\cdots$，n）时矩阵 $\boldsymbol{R}$ 为对称矩阵，对角线元素为 1。假设矩阵的一部分元素 r_{ij}（$i = 1$，2，$\cdots$，m，$i \le j \le n$）已知，其余的 r_{ij}（$m+1 \le i \le n$，$i \le j \le n$）未知。相似性推理就是运用矩阵中的已知元素（相似度），推断未知元素（相似度）。用 $\hat{\boldsymbol{R}} = (\hat{r}_{ij})_{n \times n}$（$i$，$j = 1$，$2$，$\cdots$，$n$）表示经推理后得出的矩阵，其中 $\hat{r}_{ij} = r_{ij}$（$i = 1$，2，$\cdots$，m，$i \le j \le n$）；$\hat{r}_{ij}$（$m+1 \le i \le n$，$i \le j \le n$）为推理后得到的相似度数据。

$$\boldsymbol{R} = \begin{bmatrix} 1 & r_{12} & r_{13} & \cdots\cdots & r_{1n} \\ & 1 & r_{23} & \cdots\cdots & r_{2n} \\ & & \cdots\cdots & & \\ & & 1 & \cdots\cdots & r_{mn} \\ & & & \cdots\cdots & \\ & & & & 1 \end{bmatrix} \qquad (2-6)$$

对问题作如下描述：假设 r_{pq} 为未知相似度数据，对于 i 来说，r_{pi} 与 r_{qi} 为已知的相似度数据，在这里，用 T 表示包含这些 i 的集合，用相似推理决定 $\hat{r}_{pq}$。

2. 区间交集相似性推理

推理的方法是通过 $k \in T$ 的所有工件分别与 p，q 工件的相似度数据来推断出 p，q 工件的相似度，用 $\hat{r}_{pq(k)}$ 表示通过工件 k 估计的 r_{pq}，分别用 $\hat{r}_{pq(k)}^L$、$\hat{r}_{pq(k)}^U$ 表示 $\hat{r}_{pq(k)}$ 的上界和下界。推理算法分两步：①对于每一个 $k \in T$，计算区间的上界与下界，如图 2.4 所示。②然后对于所有 $k \in T$ 的区间 $[\hat{r}_{pq(k)}^L, \hat{r}_{pq(k)}^U]$ 进行并合。推定 r_{pq}，如图 2.5 所示。$[\hat{r}_{pq(k)}^L, \hat{r}_{pq(k)}^U]$ 估计在于通过集合的方法建立零件整体形状的信息模型，对于零件 p 来说，它的整体形状信息用集合 X_p 来表示，集合的范围是 $Area(X_p) = 1$。p，q 两个零件的相似性是集合 X_p，X_q 的交集，也就是说 $r_{pq} = Area(X_p \cap X_q)$。

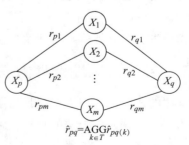

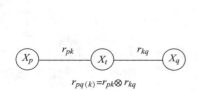

图 2.4　通过 r_{pk} 与 r_{kq} 求 r_{pq}，符号 $\otimes$ 表示推理

图 2.5　通过多个 $r_{pq(k)}$ 合并求 r_{pq}

1）区间 $\hat{r}_{pq(k)}$ 上下界的求取

如果 $X_p \cap X_q$ 的交集尽可能小，就可得到区间 $\hat{r}_{pq(k)}$ 的下界。可以推断 $X_p \cap X_q$ 是相关集合的一个子集，即 $(X_p \cap X_q) \subset (X_p \cap X_k)$ 与 $(X_p \cap X_q) \subset (X_q \cap X_k)$。进一步推定，对于 $(X_p \cap X_q) \neq \varnothing$，$\hat{r}^L_{pq(k)} = r_{pk} + r_{qk} - 1$，如图 2.6（a）所示；对于 $(X_p \cap X_q) = \varnothing$，$\hat{r}^L_{pq(k)} = 0$，如图 2.6（b）所示。在图 2.6（a）的情况下，$r_{pk} + r_{qk} \geqslant 1$，在图 2.6（b）情况下，$r_{pk} + r_{qk} < 1$。综合这两种情况，$\hat{r}^L_{pq(k)}$ 可按下式计算：

$$\hat{r}^L_{pq(k)} = \max \ (r_{pk} + r_{qk} - 1, \ 0) \tag{2-7}$$

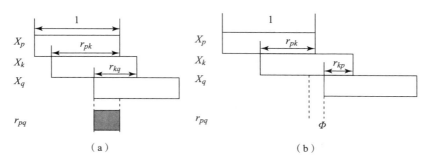

图 2.6　$\hat{r}_{pq(k)}$ 的下界模型

如果 $X_p \cap X_q$ 的交集尽可能大，就可得到区间 $\hat{r}_{pq(k)}$ 的上界。可以推断 $X_p \cap X_q$ 不是相关集合的一个子集，即 $(X_p \cap X_q) \not\subset (X_p \cap X_k)$ 与 $(X_p \cap X_q) \not\subset (X_q \cap X_k)$。进一步推定，当 $r_{pk} \geqslant r_{kq}$ 时，$\hat{r}^U_{pq(k)} = r_{kq} + (1 - r_{pk})$，如图 2.7（a）所示；当 $r_{pk} < r_{kq}$ 时，如图 2.7（b）所示。$\hat{r}^U_{pq(k)} = r_{pk} + (1 - r_{kq})$。综合图 2.7 的两种情况，$\hat{r}^U_{pq(k)}$ 可按下式计算：

$$\hat{r}^U_{pq(k)} = 1 - \left| r_{pk} - r_{kq} \right|$$

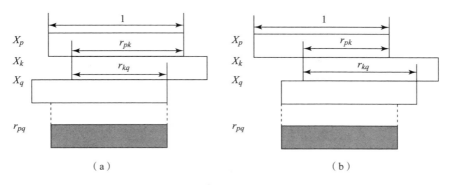

图 2.7　$\hat{r}_{pq(k)}$ 的上界模型

2）区间并合与 $\hat{r}_{pq}$ 求取

对于每一个 $k \in T$，都存在 $\hat{r}_{pq(k)}$，即 $[\hat{r}_{pq(k)}^L, \hat{r}_{pq(k)}^U]$。用 $[\hat{r}_{pq}^L, \hat{r}_{pq}^U]$ 表示 $\hat{r}_{pq}$ 的区间，通过下面的并合方法得到 $\hat{r}_{pq}$（对每一个区间 $[\hat{r}_{pq(k)}^L, \hat{r}_{pq(k)}^U]$ 进行交集运算）：

$$[\hat{r}_{pq}^L, \hat{r}_{pq}^U] = \bigcap_{k \in T} [\hat{r}_{pq(k)}^L, \hat{r}_{pq(k)}^U] = [\max_{k \in T} \hat{r}_{pq(k)}^L, \min_{k \in T} \hat{r}_{pq(k)}^U] \qquad (2-8)$$

从而，$\hat{r}_{pq}$ 可按下式估计：

$$\hat{r}_{pq} = \frac{\hat{r}_{pq}^L + \hat{r}_{pq}^U}{2} \qquad \text{如果 } \hat{r}_{pq}^L < \hat{r}_{pq}^U, \text{ 即 } [\hat{r}_{pq}^L, \hat{r}_{pq}^U] \neq \varnothing;$$

$$\hat{r}_{pq} = 0 \qquad \text{如果 } \hat{r}_{pq}^L \geqslant \hat{r}_{pq}^U, \text{ 即 } [\hat{r}_{pq}^L, \hat{r}_{pq}^U] \neq \varnothing \qquad (2-9)$$

2.3.5　相似性分析结果的测度

定义集合 $SI = \{(i, j) \mid m+1 \leqslant i \leqslant n, i \leqslant j \leqslant n\}$，那么对于 $\forall (p, q) \in SI$，r_{pq} 是需要推理的一个元素（相似度），集合 SI 的基数 si 是需要推理的元素的总数，对于矩阵中的元素（相似度）推理，希望 $\hat{r}_{ij}$ 越接近 r_{ij} 越好，r_{ij} 为专家实际成对比较得到的相似度。为了比较相似性推理方法的有效性或精度，参考文献[14]定义了三种测度，即平均绝对偏差 MAD、均方根差 RMS 和小偏差百分数 PSD。

$$\text{平均绝对偏差 } MAD = \frac{\sum\limits_{p,q \in SI} |r_{pq} - \hat{r}_{pq}|}{si};$$

$$\text{均方根差 } RMS = \sqrt{\frac{1}{si} \sum\limits_{(p,q) \in SI} (r_{pq} - \hat{r}_{pq})^2}$$

平均绝对偏差和均方根差这两个测度表征了相似性推理的精度。

对于小偏差百分数 PSD，如果 $A = \{\hat{r}_{pq} \mid |\hat{r}_{pq} - r_{pq}| \leqslant 0.1\}$，$B = \{\hat{r}_{pq} \mid |\hat{r}_{pq} - r_{pq}| > 0.1\}$，$N(A)$，$N(B)$ 分别为集合 A，B 的基数，定义 $PSD = \dfrac{N(A)}{N(A) + N(B)}$，该测度表征了相似性推理得到"好"的相似度百分数。

参考文献 [14] 采用参考文献 [15] 提出的方法收集了 36 个样本零件，并得到了这 36 个零件相似性完全成对比较的相似度矩阵，同时采用前面的三种测度，对五种相似性推理方法（海明距离法、最大最小法、区间平均法、加权区间平均法、区间交集法）进行了比较。当已知元素（相似度）达到 31% 以上（包括 31%），区间交集法优于其他四种方法。当已知元素达到 56% 时，推断出"好"的元素（相似度）百分比达到 74.6%。根据参考文献 [14] 的试验，为了确保相似性推理的合理精度，成对比较的相似度矩阵的元素数必须达到 56% 以上。实验证明区间交集相似性推理法是相似性推理方法中的一种较好的方法。

2.4 特征建模及虚拟技术

产品建模技术的发展经历了线框建模、表面建模、实体建模等方法，这些方法的共同特点是，仅能描述物体的几何信息和相互之间的拓扑关系，而这些信息缺乏明显的工程含义。工程技术人员在产品设计、生产准备和制造过程中，不仅关心产品的结构形状、公称尺寸，而且还关心其尺寸公差、形位公差、表面粗糙度、材料性能和技术要求等一系列对实现产品功能极为重要的非几何信息，这些非几何信息也是加工该零件所需信息的有机组成部分。从设计制造集成的角度出发，要求从产品的整个生命周期各阶段的不同需求来描述产品，以完整、全面地描述产品的信息，使得各应用系统可以直接从该零件模型中抽取所需的信息。这就催生了以特征为基础的产品建模、工艺建模和制造模型，这种以特征为基础的建模技术称为特征建模，所建的模型称为特征模型。特征建模是目前被认为是最适合 CAD/CAPP/CAM 集成系统的产品表达方法，被誉为 CAD/CAPP/CAM 技术发展的新里程碑，它的出现和发展为解决产品集成开发提供了新的理论基础和方法。

2.4.1 特征的定义

特征是一个或一组客体特性的抽象结果，用来描述概念。在机械制造领域，特征被看作一种综合性概念，它作为"产品研发过程中各种信息的载体"，除了包含零件的几何拓扑信息外，还包含设计制造等过程所需要的一些非几何信息，如材料信息、尺寸、形状公差信息、热处理及表面粗糙度信息和刀具信息。因此特征包含丰富的工程语义，是在更高层次上对几何形体的集成描述。虽然目前在学术界，特征还没有一个统一的定义，但是大部分研究人员已经达成了一定的共识，认为特征应该包含以下三个部分：

（1）特征为产品非几何信息（尺寸、公差、基准等）的载体，具有一定的属性[16]。

（2）特征为产品或零件上的一组几何实体，具有一定的几何形状，反映了设计人员的一种思维模式。

（3）特征具有一定的工程语义，表达其实现的功能。

因此产品特征定义为包含非几何信息（尺寸、尺寸公差、形位公差、基准及其他信息）的具有一定几何形状的几何实体，它能够表述一定的工程语义。

2.4.2 特征的分类

特征有不同的分类，研究人员或者工程技术人员根据自己的使用要求，从不同侧面对同一个零件进行不同的表述，以表达不同的工程语义。例如零件模型上的孔特征，在设计过程中，可以叫作设计特征，它描述了孔特征的设计信息；而在加工过程中，孔特征又可以看作加工特征或制造特征，因此该特征表达了其相应的加工信息。因此，在不同的应用领域，特征会存在多种多样的表达方式。

特征是零件根据不同规则划分出来的，它描述了零件几何模型的工程意义，而对于不同的工程活动，例如设计、加工、检测或者装配等活动，同样一个几何形状就会有不同的特征进行描述，进而表达了不同的信息。因此，特征对于不同的应用领域，就会有多种多样的定义。广义上划分特征种类的依据是：根据特征应用的领域以及实现方式来分类；狭义上可以按照特征的几何形状和定义产品的数据信息来进行划分。

（1）按照应用领域可分为面向设计领域的设计特征、面向制造领域的制造特征。

（2）按照加工方法可将特征分为钣金类特征、车削类特征、铣削特征、复合特征。

（3）特征可根据不同的几何形状分为槽类特征、面类特征、孔类特征等。

（4）按产品定义数据的种类可以将数据信息分为五大类，即形状特征、技术特征、精度特征、装配特征以及材料特征。

根据特征的不同应用领域，将特征划分为设计特征以及加工特征两大类；然后为便于表述不同的几何形体，在两大类特征下，将特征按照不同的几何形状进行细分。

（1）设计特征：设计特征是零件设计时使用的特征，该类特征主要体现零件的结构要求，是构成零件几何形状的元素组合。

在设计过程中，零件是由几何元素和非几何元素共同定义的，因此零件的设计特征定义为特征的几何形状和对几何形状的约束条件的集合。用 DF 来表示零件设计特征，则：

$$DF = DGS \cup DNG \tag{2-10}$$

其中，DGS 为特征的几何形状信息；DNG 为特征的设计约束条件，即特征的非几何信息。

零件的设计特征体现了设计人员的设计意图，设计人员根据设计要求，选择零件材料，绘制零件的几何结构。但囿于设计人员关注的焦点和制造知识的水平，设计人员在设计时对零件的制造约束考虑得不够，直接依据自己的思维惯性或者操作习惯，在三维软件上进行几何建模。因此，设计特征一般很难体现制造语义，一般不直接用于指导生产。

（2）加工特征：加工特征也称为制造特征，它体现加工过程中的工程语义，主要用来进行工艺设计或者指导生产。加工特征是一个具有确切的加工几何形状以及该特征相应的工艺约束条件的组合。加工特征用数学符号 PF 表示，PF 的含义如下所示：

$$PF = PGS \cup PNG \tag{2-11}$$

其中，PGS 为特征的确切加工几何形状信息；PNG 为特征的工艺约束信息。

以上的加工特征是在加工阶段提出来的，它完全体现了加工语义，工艺约束条件包括材料，该特征的加工方法，该特征使用的机床、刀具信息等。

2.4.3　虚拟仿真技术

虚拟仿真技术就是用一个系统模仿另一个真实系统的技术。虚拟仿真实际上是一种可创建和体验虚拟世界（Virtual World）的计算机系统。虚拟技术在生产准备中占有重要地位，生产准备所生成的结果在正式生产前，需要采用虚拟仿真的技术进行验证，如切削过程模拟、生产线仿真布局、生产过程仿真等。虚拟仿真技术对企业提高生产准备效率，加强数据采集、分析、处理能力，减少决策失误，降低生产准备风险起到了重要的作用。虚拟现实技术的引入，使生产准备的手段和思想发生了质的飞跃，更加符合智能制造的需要。

虚拟仿真技术是以仿真的方式给用户创造一个实时反映生产过程变化与相互作用的三维虚拟世界，并通过头盔显示器（HMD）、数据手套等辅助传感设备，为用户提供一个与该虚拟制造世界交互的三维界面，使用户可直接参与并探索仿真制造过程在所处环境中的作用与变化，产生沉浸感。虚拟仿真技术是计算机技术、计算机图形学、计算机视觉、视觉生理学、视觉心理学、仿真技术、微电子技术、多媒体技术、信息技术、立体显示技术、传感与测量技术、软件工程、语音识别与合成技术、人机接口技术、网络技术及人工智能技术等多种高新技术集成之结晶。其逼真性和实时交互性为系统仿真技术提供了有力的支撑。

把虚拟现实技术应用于制造领域，就出现了虚拟制造，虚拟制造可分为以下几个工作层次：工厂级、车间级、调度级、具体的加工过程及各制造单元等。因此虚拟制造技术可仿真现有企业的全部生产活动，并能够对未来企业的设备布置、物流系统进行仿真设计，从生产制造的各个层次进行工作，达到缩短产品生命周期与提高设计、制造效率的目的。

目前进行的机械加工过程仿真主要有两种情况：一种是从研究金属切削的角度出发，仿真某具体切削过程内部各因素的变化过程，研究其切削机理，供生产实际与研究应用；另一种则是将加工过程仿真作为系统的一部分，重点在于构造完整的虚拟制造系统。这两种方式的仿真方法是相同的，即首先对机械加工工艺系统建立连续变化模型，然后用数学离散方法将连续模型离散为离散点，通过分析这些离散点的物理因素变化情况来仿真加工过程。同时，目前的仿真系统大多进行几何仿真，即对刀位轨迹、工件与刀具的干涉校验等，其又称为 NC 校验（NC Verification）。由于具有对 NC 代码进行验证与优化的过程，仿真系统能够极大地避免实际加工过程中可能出现的各种异常现象，可以验证生产准备中对制造过程的规划。

但在机械加工过程中，几何校验只是前提条件，更为重要的是要考虑切削力、刀具振动及刀具磨损等在切削过程中起决定因素的各物理量，对制造过程进行物理仿真。

2.5　制造资源建模

经济合理地利用企业制造资源组织生产活动，生产出高质量、低成本、可充分满足客户需求的产品，是现代企业的生存之本。在产品的设计、工艺和制造过程中，必须了解掌握企业现有的制造资源信息情况[17]。不单要掌握制造资源的管理属性，还要掌握制造资源的技术特性。

制造资源有广义制造资源和狭义制造资源之分。广义制造资源指完成产品生产所使用的物资、知识、能源、人力等。其中，物资包括原材料、制造装备、搬运设备等，知识是指生产中用到的各种方法技术。狭义制造资源指完成产品生产所使用的装备，是制造系统的底层资源，主要包括机床和工艺装备等。在本书中，制造资源被限定为狭义制造资源，具体包括加工设备和工艺装备。加工设备即各种类型的加工机床，如车床、铣床等，工艺装备包含刀具、夹具、辅具、模具和量具等。图2.8所示为加工设备的分类。

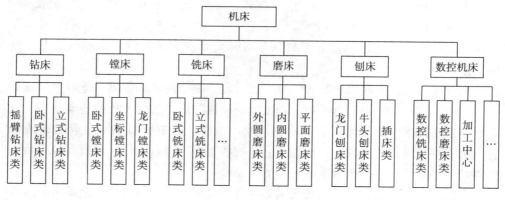

图2.8　加工设备的分类

机床、刀具和夹具三者的属性以及相互关系是制造资源的基础，加工设备是工艺设备依附的物质载体。加工设备的加工能力通常表现为某种或者某几种加工特征的组合。通过将加工特征与机床关联起来，可以建立加工特征与刀具和夹具的关系。

制造资源建模是制造资源计算机表示的一种方式。建模的目的是实现虚拟制造资源在功能和结构组成上与现实制造系统中的制造资源的等价。制造资源建模是实现生产准备现代化的基础工作，也是生产准备的重要组成部分，它既支撑产品的设计、工艺和制造，又对这些活动进行约束。制造资源信息丰富，建模过程复杂，为了准确描述制造资源信息，可将其进行分类表达，如下所示：

定义 1　Mach：：= ｛Mach_ID，Mach_Name，Feat_ID，Feat_Name｝　　（2－12）

机床 Mach 包含各种类型的机床信息，每种类型的机床有相应的编码。Mach_ID，Mach_Name 为机床类的名称，各种类型的机床能够加工相应的特征 Feat_ID 以及该特征的具体名称 Feat_Name。

定义 2　Machine_Infor：：= ｛Basic_Infor，Mach_ID，Tool_Infor，Fix_Infor，

Meas_Infor，Acce_Infor，Feat_Infor，Status｝

（2－13）

Machine_Infor 为某具体类型机床模型信息，共包含八部分，分别为机床基本信息 Basic_Infor、该机床隶属的机床大类 Mach_ID、可匹配刀具信息 Tool_Infor、可匹配夹具信息 Fix_Infor、可匹配量具信息 Meas_Infor、可匹配辅具信息 Acce_Infor、可加工特征能力信息 Feat_Infor 以及机床现在的状态 Status。

定义 3　Basic_Infor：：= ｛Machine_ID，Machine_Code，Machine_Name，

Machine_Dim，Machine_Accura｝　　（2－14）

（1）机床基本信息包含机床编号 Machine_ID、机床的英文符号 Machine_Code、机床的中文名称 Machine_Name、机床的工作台尺寸 Machine_Dim、机床的加工精度 Machine_Accura。

（2）Machine_Dim 表示机床工作台的长度、宽度以及最高加工高度。

（3）Machine_Accura 表示某台机床的定位精度和重复定位精度信息。

定义 4　Tool_Infor：：= ｛Tool_ID，Tool_Name，Tool_Material｝　　（2－15）

Tool_Infor 包含某台机床匹配的刀具编号 Tool_ID、刀具的名称 Tool_Name 以及刀具的材料类型 Tool_Material。

定义 5　　　Fix_Infor：：= ｛Fix_ID，Fix_Name，Fix_Loca｝　　（2－16）

Fix_Infor 包含某台机床匹配的夹具编号 Fix_ID、夹具的名称 Fix_Name 以及夹具的定位方式 Fix_Locat。

定义 6　　　Meas_Infor：：= ｛Meas_ID，Meas_Name｝　　（2－17）

Meas_Infor 包含某台机床匹配的量具编号 Meas_ID、量具的名称 Meas_Name。

定义 7　　　Acce_Infor：：= ｛Acce_ID，Acce_Name｝　　（2－18）

Acce_Infor 包含某台机床匹配的工装辅具编号 Acce_ID、辅具的名称 Acce_Name。

定义 8　　　Feat_Infor：：= ｛Feat_Type，Feat_Dim，Feat_Ra，

Feat_Geo_Tol｝　　（2－19）

可加工特征能力是描述某种型号机床的几何形状生成能力和生成质量的，具

体内容如下：

（1）Feat_Type 为该机床能够加工的特征类型，包含孔、平面、槽等类型。

（2）Feat_Dim 为该机床能够加工该特征的尺寸大小，包含长、宽、高、半径等尺寸信息。

（3）Feat_Ra 为该机床加工该特征能够达到的表面粗糙度值的大小。

（4）Feat_Geo_Tol 为该机床加工该特征能够达到的几何公差值的大小，包含形状公差、方向公差、位置公差和跳动公差。几何公差包含的类型以及具体的公差大小根据实际情况进行具体分析。

制造资源能力分为三类：形状、尺寸和精度、位置和方向能力。机床和刀具组合形成形状能力，而位置和方向能力主要是由机床和夹具共同作用。机械加工过程的尺寸和精度能力取决于机床、刀具和夹具。制造资源形状能力决定可加工的制造特征类型，制造资源形状能力信息模型如图 2.9 所示，其中机床主运动和进给运动主要描述两方面的内容：刀具和工件与主运动和进给运动的关系、主运动和进给运动的自由度。由图 2.9 可知制造资源的作用结果可以采用加工特征（有时也可称为制造特征）。制造资源的尺寸和精度、位置和方向能力决定了可加工特征的类型、几何和精度能力信息，因此，基于制造特征的制造资源能力建模框架如图 2.10 所示。

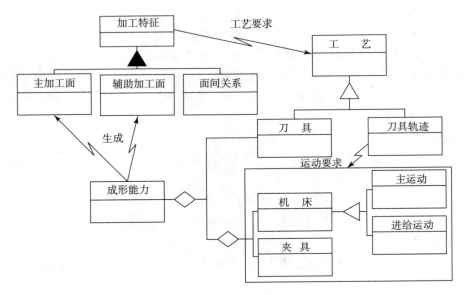

图 2.9　制造资源的形状能力信息模型

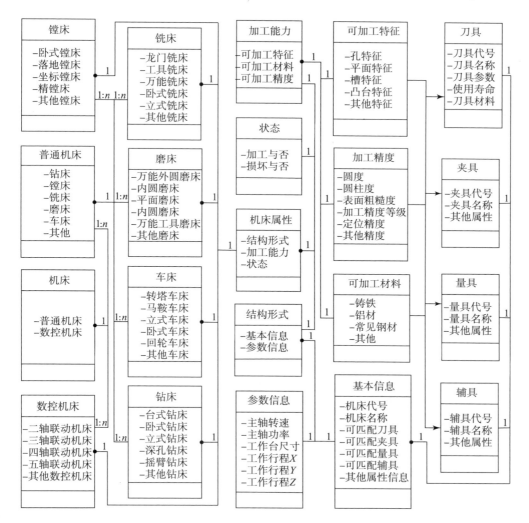

图 2.10 基于制造特征的制造资源能力建模框架

基于加工特征的制造资源能力建模框架包含三个层次：制造资源层、制造资源能力层和特征能力信息模型层。制造资源层描述机床、刀具和夹具的基本信息；制造资源能力层描述制造资源的形状、尺寸和精度、位置和方向的能力；特征能力信息模型层是以特征模型为载体，描述制造资源所能加工的特征类型和精度信息。制造资源层是制造资源能力层的基础，而制造资源能力层是制造资源层和特征能力信息模型层的纽带。图 2.11 所示为基于特征的制造资源模型逻辑图。图 2.12 为基于特征的制造资源模型示意。

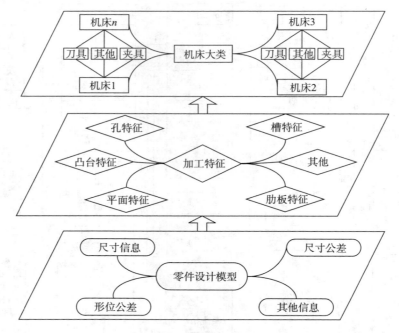

图 2.11　基于特征的制造资源模型逻辑图

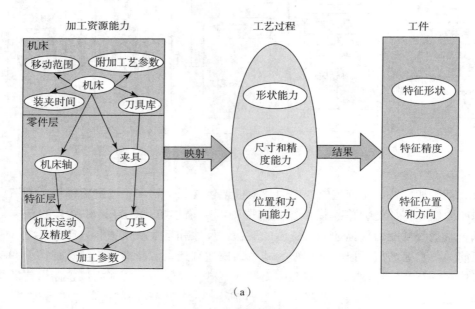

（a）

图 2.12　基于特征的制造资源模型示意

（a）加工特征和加工资源的关系

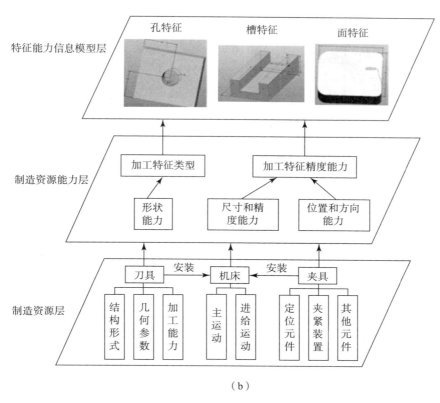

（b）

图 2.12 基于特征的制造资源模型示意（续）

（b）加工特征和加工资源的关系

2.5.1 基于加工特征的机床能力建模

制造资源能力是选择制造资源的重要依据。制造资源能力由其所能实现的制造特征体现。从特征层面可将制造资源能力分为三类：尺寸能力、形状与位置能力、表面能力，其包括特征的形状、特征的几何尺寸、特征精度等特征属性，以及制造资源的工作范围、所能承受的切削力等物理属性约束。

制造资源的尺寸能力包括可达加工尺寸范围和尺寸精度，主要取决于机床工作台尺寸、机床走刀范围以及刀具的尺寸等。制造资源的形状和位置能力包括可达加工形状和位置精度，主要取决于机床几何、夹具类型、运动精度、机床重复定位精度以及刀具的形状等。制造资源的表面能力是指可达的表面加工精度，主要由刀具形状、尺寸以及切削参数决定。

制造设备的描述是制造设备建模的前提，它为进一步实现设备评价与检索、设备管理和组合提供了基础支撑。作为包含丰富制造信息的最小加工活动单元[20][21]，制造特征是描述制造设备的一个有效工具。制造特征是几何结构形状和形成该几何形状的工艺约束条件的结合，用于描述该几何形状加工活动的基本单位[22]。

如用 MF 表示制造特征，那么它的数学表达式如下：

$$MF = \{C, Y\} \qquad (2-20)$$

其中，C 是具有确切加工形状的几何特征；Y 表示工艺约束条件，包括加工精度、特征材料、加工方法等信息。

在充分考虑制造特征的工艺约束信息和系统地分析制造设备功能需求的基础上，基于制造特征的制造设备定义为：

定义 9 $MES :: = \{MEID, BI, MFS\}$

其具体含义如下：

（1） MES 表示制造设备信息模型。

（2） $MEID$ 表示设备编号。

（3） BI 是制造设备的基本信息集合，包含设备名称、设备类型、设备生产厂家等信息。

（4） MFS 表示制造功能集[23]，它用来描述不同的制造特征集信息，其具体定义如下：

定义 10 $MFS :: = \{FS, MEUS\}$

其具体含义如下：

①FS 表示与制造设备匹配的工装集，包含刀具、夹具、量具和辅具等工艺装备信息。

②$MEUS$ 表示制造设备单元集。

定义 11 制造设备单元集是由许多制造设备特征单元构成的，制造设备单元集表示如下：

$$MEUS = \bigcup_m MEFU_i \qquad (2-21)$$

其中，$MEFU_j$ 是制造设备特征单元，$j = 1, 2, \cdots, m$。

定义 12 $MEFU :: = \{GF, PF, DF\}$

（1） GF 表示制造设备可加工的几何特征类型，几何特征可以分为通平面、台阶面、曲面、柱锥、一般槽、外切削环槽、槽系、一般孔、孔系、螺纹等特征类型[24][25]。

（2） PF 表示制造设备可加工特征的精度能力，包含制造特征的尺寸、形状、位置和表面粗糙度等精度加工能力。

（3） DF 表示设备可加工特征的尺寸能力信息，描述制造设备可以加工特征的尺寸范围。

基于制造特征的制造设备的形式化描述为：

$$MES = \left\{ MEID, BI, \left\{ \bigcup_{j=1}^{m} MEFU_j \{GF, PF, DF\}, FS \right\} \right\} \qquad (2-22)$$

2.5.2　基于加工特征的工装能力建模

制造资源包括加工设备和工艺装备，每一台加工设备都具有一定的加工能力，其与工装的组合就可以形成该设备的加工能力，与工艺知识等辅助信息共同约束工艺能力。

1）刀具能力建模

工艺装备主要包含刀具、夹具、量具、辅具等。以刀具为例，刀具属性包含结构形式、几何参数、加工能力和生产能力四方面内容，在此基础上进行刀具能力建模。

在充分考虑刀具的结构形式、几何参数、加工能力和生产能力的基础上，基于制造特征的刀具定义为：

定义 13　$CTS::=\{CTID,\ CTCY,\ CTGP,\ CTMA,\ CTPA\}$

其具体含义如下：

（1）CTS 表示刀具集。

（2）$CTID$ 表示刀具编号。

（3）$CTCY$ 是刀具的结构形式信息集合，包含刀片形状、刀头形式、刀片尺寸、断削形式、刀尖圆弧半径、刀杆截面形式、刀垫型号、刀杆与刀片的连接方式、刀杆截面尺寸（直径×高×长）、莫氏锥柄号等信息。

（4）$CTGP$ 表示刀具几何参数，包含前角、主偏角、倒棱前角、后角、副偏角、刃倾角、副后角、切削方向、切深前角等信息。

（5）$CTMA$ 表示刀具加工能力，包含加工面、加工特点（优点、缺点）、可加工工件材料、可达到形状精度、位置精度和表面粗糙度（Ra，μm）、可达到圆度（mm）、圆柱度（mm）、平面度（mm）、可加工工件最大、最小尺寸（直径 R 或高×长×宽）、可配合机床、可配合夹具、刀具耐用度等信息。

（6）$CTMA$ 表示刀具生产能力，包含性能状态（优、良、中、差、损坏）、使用状态（使用中、维修中、等待中）、负荷情况、刀具利用率、刀具磨损率等信息。

2）夹具能力建模

夹具是机床成形能力的重要补充，也是影响零件加工精度的重要部分，夹具的选择和设计是生产准备中的重要环节。实际加工中夹具往往是具有某种组合关系的定位组件、夹紧组件、支承组件、夹具体等夹具元件的装配体集合。而各种夹具组件由多种夹具元件装配而成，不仅包含夹具元件之间的装配关系，还蕴含着特定的元件之间参数的关联关系等信息，因此夹具组件可被认为由具有一定尺寸约束关系的夹具元件组装而成的、具有一定功能的装配体。夹具结构信息模型（Fixture Structure Information Model，FSIM）所包含的信息描述为：

$$FSIM = \left\{ \sum_{i=1}^{n} C_i^{Loc}, \sum_{j=1}^{m} C_j^{Cla}, \sum_{k=1}^{l} C_k^{Sur}, M_i^{Flo}, M_i^{Gui}, M_i^{Cut} \right\} \qquad (2-23)$$

其中，C_i^{Loc} 为定位组合件，C_j^{Cla} 为夹紧组合件，C_k^{Sur} 为支撑组合件，M_i^{Flo} 为夹具底板信息，M_i^{Gui} 为夹具的导向元件信息，M_i^{Cut} 为对刀块信息。

每个组合件由具体的夹具元件及其装配关系组成，具体描述为：

$$C = \left\{ \sum_{i=1}^{n} Unit_i^{M}, R_A(Unit_i^{M}, Unit_j^{M}) \right\} \qquad (2-24)$$

其中，$Unit_i^{M}$ 为组合件中的夹具元件，R_A 为夹具元件的装配关系。

夹具元件是由具体的几何特征组成，同时，为了夹具的装配关系需要相应的装配特征。夹具元件描述为：

$$Unit = \left\{ \bigcup_{i=1}^{n} Fea_i^{G}, \bigcup_{j=1}^{m} A_j^{Fea} \right\} \qquad (2-25)$$

其中，Fea^{G} 为组成夹具元件的几何特征，如多边形的拉伸特征、孔特征等；A^{Fea} 为夹具元件之间以及其与工件之间建立装配关系的装配特征，包括点、线和面特征。

夹具能力信息模型（Fixture Function Information Model，FFIM）是指在装夹方案中夹具所能满足的各种功能需求，描述为：

$$FFIM = \{ F_{Type}^{Fea}, S_c, T_c, T_f, D_F \} \qquad (2-26)$$

其中，F_{Type}^{Fea} 为装夹类型，如定位、夹紧和支撑等；S_c 为夹紧表面类型，如粗糙面、半精加工面和精加工面等；T_c 为接触类型，如点、线和面等；T_f 为功能类型，如机加夹具、钣金夹具等；D_F 为装夹方向。

2.6 集成管理技术

集成管理技术是一种全新的管理方法和技术手段。其因"集合而成、模块效应"的基本特质受到人们的普遍关注和研究。受生产过程因素的多元化、过程的复杂化等的影响，现代企业自身在组织管理与产品实现过程的技术管理中面临前所未有的挑战。因此需要一种方法，其能够充分利用现有资源，使组织效率得到最大程度的发挥，使产品实现过程的技术应用高度集成于模块化，以快速、高效地制造出满足需要的产品。集成管理技术正是解决上述问题的有效管理方法和技术手段。

所谓集成管理就是一种效率和效果并重的管理模式，其核心就是强调运用集成的思想和理念指导管理行为实践，集成管理要素之间相互作用和联系的方式为集成关系，它反映了集成管理要素之间物质、信息、能量等的交流关系。传统管理模式以分工理论为基础，而集成管理则突出了一体化的整合思想，集成中的各个元素互相渗透、互相吸纳，成为一种新的"有机体"。

2.6.1　集成管理技术的表现形式和特点

1）时间上的高度同步化集成

其特点是实现并行作业、同步输出，压缩出时间编排上的等待及重复。以产品设计与工艺设计过程为例，产品设计需要考虑工艺过程的工艺性要求，工艺设计则依据产品设计结果，两者不能独立开展，需要通过适当的手段在合适的时间通过产品设计与工艺设计人员的协同并行设计，减少产品设计人员把完成的结果串行地交由工艺设计人员后反复修改所产生的重复浪费。

2）地域上的高度模块化集成

其特点是具有模块化、规模化的集成效应，主要体现在生产准备过程中的集成化工装、物料等的供应链管理，避免物料、工装等的过多移动所造成的浪费。

3）资源利用上的高度整合化集成

其特点是通过资源整合，实现资源利用最大化，提高通用性和重用率，例如最大化重用工装元件、装配和最佳实践，定义模块化分类标准，建立准确的企业级工装 BOM，为提高工装的通用型和重用性提供精确信息，通过降低元部件的种类，提升制造过程的整体运行能力，从而降低成本。

2.6.2　应用集成管理技术的关键因素

（1）形成快速决策机制。要使集成不仅仅是集合在一起成为一种物理形式，而发挥其模块化、同步化、整合化的效用，需要形成一个灵活的管理机制，使得集成组织能进行快速决策。

（2）在组织架构上体现集成的职能。集成需要特定的策划与跟踪实施，设置专门的集成团队，把具体业务团队高效衔接与串联，形成规模效应。

（3）集成管理技术的应用需要建立系统的管理思维。集成应用是一项系统性工程，必须从整体上加以策划和组织，组织中的每个人均应具备集成的思维，才能将集成管理技术应用深入，真正发挥其作用。

2.6.3　集成管理的组织工作

组织结构是分工与协作的基本形式或框架。组织结构在整个管理系统中同样起着"框架"的作用，它决定了企业内部各个组成要素之间发生作用的联系方式，决定了组织系统中的人流、物流、信息流是否能保持正常沟通，从而使组织目标的实现成为可能。实践证明，组织结构是影响组织效率的重要因素，组织结构的优劣和与时俱进与否，在很大程度上决定着企业管理活动的成败，是企业一切管理活动的保证和依托。

集成管理的组织工作包含三个方面的内容：建立结构、规范行为和资源配置。它是继制定集成战略、制定集成计划之后，实施集成管理的第一步。有效的组织结构设计，是保证集成管理顺利实施的前提和条件。考虑到组织理论的继承和发展，可从现代集成管理的角度，将组织结构模式分为三类，即科层制的组织结构模式、局部网络化的组织结构模式以及泛边界网络化的组织结构模式。

第三章

可制造性评价

3.1　可制造性评价概述

产品设计的可制造性对产品的制造过程有重大影响，如何保证所设计产品的可制造性，一直是重要的研究课题。通常情况下，设计人员很难直接全部掌握本企业或者合作制造商的制造资源状况和制造能力信息，从而可能对所设计产品的可制造性考虑不足，使产品的结构工艺性不合理，给制造过程带来一定的困难。因此，这就有可能造成产品开发周期长、设计决策可制造性信息反馈慢，极大地分散了设计人员进行创造性活动精力的现象。为使设计人员适应工艺和制造系统本身的复杂性，灵活运用与工艺和制造环境有关的信息，就需要在产品设计的同时向设计人员提供基于制造资源能力状况的可制造性信息，辅助提高设计人员所设计产品的可制造属性，即产品的可制造性。而产品的可制造性评价（Manufacturability Evaluation，ME）就是可制造性程度的量化[26]。通过可制造性评价可以保证产品的可制造性。

可制造性评价是并行工程的核心思想和实现方法，它通常指在设计过程中，根据现有的制造资源条件，对产品零件模型的各设计属性（形状、尺寸、公差、表面质量等）满足制造约束的程度进行分析，找出设计模型中不利于产品制造和产品质量的因素，从而改善产品设计的可制造性，提高产品的设计质量，加快产品的开发进程。可制造性评价是实现面向制造设计的关键环节。

可制造性评价考虑的因素包括产品从生产到报废的整个产品生命周期中的所有影响因素，即制造、测量、装配、维护以及回收再利用等方面对产品设计的约束，其对产品制造过程中的相关因素（结构工艺性、装配工艺性、加工工艺性等）进行检验和制造评估，减少设计环节与制造环节的循环迭代，为进一步进行设计修改提供理论依据。它寻求最简单、经济、又能满足用户需求的设计方案。

产品的可制造性评价是面向制造的设计（Design For Manufacture，DFM）的重要组成部分，是进行产品设计工艺审查，从而保证所设计产品的结构工艺性的重要环节，也是生产准备研究的重要内容。可制造性评价技术能够部分解决产品"能否制造"和"如何制造"这两大技术性难题。

3.1.1　可制造性评价的内容

（1）研究对象的建模。根据评估过程需求，对产品设计模型，按照一定的方法进行处理，形成评价模型，以充分表达产品制造过程中的相关因素（如结构工艺性、装配工艺性、加工工艺性等）。随着特征技术的不断成熟，利用特征技术进行可制造性评价占主导地位。一般是以产品的制造特征为基本对象来构建产品的评价模型。通过对产品的所有制造特征的可制造性分析，找出不易制造或难以制造的设计属性，或者对加工它们所需的时间和成本进行计算，定性和定量地评价产品的可制造性。

（2）制造资源的建模。可制造性是一个相对的概念，是对产品设计定义和生产工艺能力之间适合度的评价，或者说是考察产品设计的质量，即产品的设计能否容易地利用一个企业或者组织的制造资源而生产出来。因此，可制造性评价研究的一个重要内容是对制造资源环境进行建模，以考虑制造资源对产品设计的约束。

（3）评价的指标体系构建与数学建模。产品的可制造性评价是一个典型的多指标、多层次的综合评价问题，其影响因素多且具有不确定性，指标的确定往往具有定性和主观的色彩，因此可制造性评价指标体系的建立在评价过程中占有重要的地位。从可制造性评价指标来看，可制造性评价涉及面广，影响因素多，目前存在多种评价尺度或几种尺度的组合，主要有简单的可行与否、定性评价、抽象定量评价、时间与成本指标等方法以及几种方法的组合。为提高可制造性评价的有效性，对于给定的可制造性评价指标体系，需要研究与之相适应的数学评价模型。

（4）基于知识的评价方法。人工智能方法的应用对于可制造性评价具有重要的意义。目前已有研究将事例推理方法应用于可制造性评价中来，根据具体的可制造性评价要求，可建立知识库和相应的决策推理方法。

（5）可制造性评价系统的建立。结合产品建模环境，构建评价的规则库、制造特征库、模型库等数据知识库，研究评价数学模型的实现方法，利用软件技术，开发形成可制造性评价系统。辅助设计人员进行产品对象的评价。系统直接从设计方案的实体模型上通过用户交互信息输入、特征识别、特征映射的方法获得制造特征信息，提取评价规则知识，按照评价模型输出评价结果。评价结果可以为可制造性的某种抽象指标，或各种设计属性的可制造性指标的明细表，有的系统能提供设计属性、修改参数值的具体建议，然后由设计者作出具体的修改决策。

3.1.2　可制造性评价的体系

可制造性评价包括可制造性评价助理、可制造性诊断与评价和可制造性优化三个功能。利用可制造性评价助理功能，在产品设计过程中随时检验出现的违反设计原则和制造资源约束等常识性方面的问题。在进行产品设计时把这种常识性的可制造性问题反馈给设计人员，以防止可制造性问题的出现。

可制造性评价助理、可制造性诊断与评价以及可制造性优化之间有如下区别：

（1）作用的时间不同。可制造性评价助理是在设计的同时，向设计人员提供与产品设计决策相关的、常识性的可制造性信息。可制造性诊断与评价则是在产品设计过程中，根据需要分阶段地对产品的可制造性进行综合评价，即对每个阶段的产品设计进行评价。可制造性优化则是在产品设计完成之后，根据生产情况，对产品工艺规划进行优化。

（2）提供的可制造性信息不同。可制造性评价助理仅仅提供初步的、常识性的可制造性信息；可制造性诊断与评价提供的是更完整的可制造性评价信息；可制造性优化则是对产品工艺进行优化。

（3）采用的方法不同。可制造性评价助理采用专家系统方式，向设计人员及时提供所需信息；可制造性诊断与评价采用下面所讨论的方式；可制造性优化则是采用动态规划、实例推理等方法进行的。

产品的可制造性评价可以分为两个部分：一是产品结构工艺性和加工可行性的边界约束条件检验；二是在满足产品结构工艺性和加工可行性的基础上，通过建立不同工艺过程规划，根据实际的生产计划与控制的需要对各种不同的目标函数进行优化，从而产生可行的优选工艺规划。随着产品开发过程的进行，可制造性评价从产品总体结构、零件结构、单元特征、特征关系等几个层次分别对其进行零部件的结构工艺性的边界条件检验。产品可制造性评价的体系如图 3.1 所示。

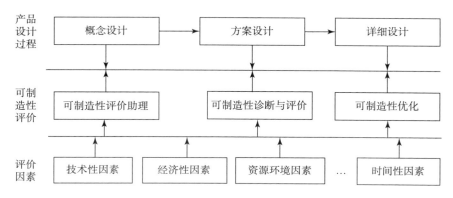

图 3.1　产品可制造性评价的体系

3.2 可铸造性评价

铸造是复杂形状金属件生产的重要方法。随着人们对近净形铸件加工、品质、试制周期和环境保护要求的日益提高，对铸件生产的一次校验合格率的需求也逐渐增加。这对铸件的设计质量提出了更高的要求。同时，由于设计人员在铸造工艺、模具结构方面知识不足，往往不适当地加大安全系数，出现类似不必要地加厚筋板、加重铸件质量等的过剩设计，或者诸如倒角半径设置较小导致铸件缺陷的不足设计。而有一些产品特征，如侧凹将会造成制模复杂，其他则可能形成局部热节，需要额外添加冷铁。这些产品设计方面的不合理因素势必导致铸件的铸造工艺性差，在铸造阶段出现问题，不可避免地提高成本，降低品质，甚至造成返工，延长试制周期。这就要求有效地预测可能出现的各种铸造问题，并通过合理的设计予以避免。

为了避免上述铸造弊端的出现，需要：①建立起有效的协商和信息交流机制，产品设计、工艺设计及制造过程并行，避免传统设计方法中设计与制造脱节的现象，以提高反馈的及时性；②将 DM 评价准则引入产品设计阶段，进行可铸性评价，建立设计和制造之间的协调机制，允许铸造工程师积极影响设计过程，使设计出来的产品既满足指定的功能又具有经济的可铸造性。

一般零件的毛坯通过铸造生产，然后进行后续的加工。因此首先需要对零件设计模型进行铸造工艺性分析。其主要是根据铸造原理，依据铸造工艺手册或者铸造经验，设定评价规则，然后对零件模型的铸造工艺性进行评价。如果零件存在铸造工艺性问题，将问题反馈给设计人员，设计人员根据出现的问题进行相应的修改。

这种在产品设计中充分考虑铸造产品工艺性的工作模式，就是零件可铸造性评价，是并行工程在铸造中的具体应用。

可铸造性评价一般从铸件的壁厚、零件肋板参数、L 型壁圆角值、截面过渡参数、铸件收缩率、铸件拔模斜度等几个方面进行评价。

3.2.1 铸件的壁厚

依据零件的铸造手册及生产人员的经验，可制定以下铸造厚度评价规则。

1）壁厚均匀原则

零件的铸造壁厚应该尽量均匀，起伏变化不应太大，否则容易出现内部缺陷，一般限定零件的起伏变化不超过 20%。

2）最小壁厚原则

零件存在最小壁厚，即铸造金属能够充满铸型的最小值，该值与铸造金属的种类有关，一般用当量尺寸进行衡量。

一般零件壁厚的确定是根据零件的功能，通过力学分析，通过相应的数学公式计算，在某种程度上圆整得出。在实际铸造过程中，由一系列经验公式可推算零件的厚度是否符合要求。

根据铸造工艺手册，确定零件的最小壁厚。首先计算零件的当量尺寸，然后根据零件的材料类型，综合选择零件的最小壁厚。零件的最小壁厚当量尺寸 N 的计算公式如下：

$$N = (2L + B + H)/3000 \quad (\text{mm}) \qquad (3-1)$$

其中，L 为零件的设计长度（mm），在 L、B、H 三个变量中，L 为最大值；B 为零件设计宽度（mm）；H 为零件设计高度（mm）。计算出当量尺寸 N 后，通过查表 3.1 即可以得到零件的最小壁厚。

表 3.1　铸造零件的最小壁厚

当量尺寸 ＼ 材料	铸钢 /mm	灰口铸铁 /mm	球墨铸铁 /mm	可锻铸铁 /mm	铝合金 /mm
0.3	10	6	4.8	4.8	4
0.75	10 – 15	8	6.4	6.4	5
1.0	15 – 20	10	8	8	6
1.50	20 – 25	12	9.6	9.6	8
2.00	25 – 30	16	12.8	12.8	10
3.00	30 – 35	20	16	16	12
4.00	35 – 40	24	19.2	19.2	—

3）临界壁厚

临界壁厚是指当零件的壁厚超过此值后，零件易产生各种缺陷而使其力学性能显著下降并且浪费材料，因此壁厚要在最小壁厚和临界壁厚之间。在砂型铸造条件下，规定零件的最大壁厚不超过最小壁厚的300%，具体值可通过查表 3.2 得知。

表 3.2　砂型铸造条件下各种铸造合金的临界壁厚

合金种类与牌号		零件大小/kg		
		0.1 ~ 2.5	2.5 ~ 10	> 10
		临界壁厚/mm		
灰铸铁	HT100，HT150	8 ~ 10	10 ~ 15	20 ~ 25
	HT200，HT250	12 ~ 15	12 ~ 15	12 ~ 18
	HT300	12 ~ 18	15 ~ 18	25
	HT350	15 ~ 20	15 ~ 20	25

合金种类与牌号		零件大小/kg		
		0.1~2.5	2.5~10	>10
		临界壁厚/mm		
可锻铸铁	KTH300-06　KTH330-08	6~10	10~12	—
	KTH350-10　KTH370-12	6~10	10~12	—
球墨铸铁	QT400-15　QT450-10	10	15~20	50
	QT500-07　QT600-03	14~18	18~20	60
碳素铸钢	ZG200-400　ZG230-450	18	25	—
	ZG270-500　ZG310-570	15	20	—
铸造铝合金		6~10	6~12	10~14
铸造镁合金		10~14	12~18	—

铸件在冷却时，各部分冷却不均匀，一般铸件内部会产生裂纹。由于零件的外壁比内壁导热快，因此内壁的厚度应该比外壁厚减少20%，这样零件冷却均匀，可减少内应力和裂纹的产生。

3.2.2　肋板参数

为加强零件的承受强度，一般需要在零件上设置肋板结构。肋板的评价规则是：

（1）顶端有圆角，底端减少锐角，如果有锐边要添加圆角。

（2）肋板厚度评价。

肋板的厚度通常为零件壁厚的0.7~0.9倍，零件铸件外表面肋板的厚度t_1满足：$t_1 = 0.8T$。零件铸件内表面肋板的厚度t_2满足：$t_2 = (0.6 \sim 0.7)T$。T为与肋板连接的铸壁厚度。

（3）肋板高度评价。

零件的高度h不能大于5倍的零件壁厚T，即$h \leqslant 5T$。

（4）肋板结构不能出现在零件的外缘或者转角上，否则会使金属产生局部的应力，破坏零件的结构。

3.2.3　L型壁圆角值

当铸件的两个壁成L型连接时，存在三种情况，如图3.2所示。

（1）如图3.2（a）所示，当零件的两壁厚相等时，内圆角半径R应该满足：

$$R \geqslant \left(\frac{1}{6} \sim \frac{1}{3} \right) a \qquad (3-2a)$$

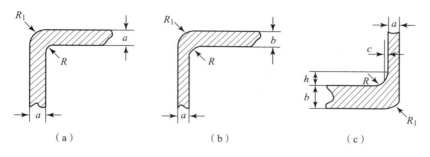

图 3.2　L 型壁连接

外圆角半径 R_1 应满足：

$$R_1 \geq a + R \qquad (3-2b)$$

（2）当零件两边的壁厚不相等，且 $b \leq 2a$ 时，采用图 3.2（b）所示的连接形式。内圆角半径 R 应满足：

$$R \geq \left(\frac{1}{6} \sim \frac{1}{3}\right)\left(\frac{a+b}{2}\right) \qquad (3-2c)$$

外圆角半径应满足：

$$R_1 \geq R + \frac{a+b}{2} \qquad (3-2d)$$

（3）当零件较厚的边的厚度 b 大于两倍的较薄的边的厚度 a 时，应该采用图 3.2（c）的连接形式，这种连接形式一般用于零件承重的部分。这时应该满足 $a+c \leq b$，并且对于铸铁，有 $h \geq 4c$，对于钢，有 $h \geq 5c$。内外圆角半径 R 和 R_1 应该和 b 的大小相等。

3.2.4　截面过渡参数

零件的壁厚不均匀，当连接的两壁厚度相差较大时，如果不能采取有效的截面过渡形式，如图 3.3（a）所示，连接处容易出现应力集中现象或者产生裂纹。

（1）如图 3.3（b）所示，当厚壁的截面尺寸 D 大于两倍的薄壁截面尺寸 d 时，连接时不能采用圆角过渡的方式，必须用直线进行过渡。不同材料的 L 的长度存在差异。

当零件为铸铁时，L 的大小满足公式（3-3a）；当零件为钢时，L 的大小满足公式（3-3b）：

$$L \geq 4(D-d) \qquad (3-3a)$$

$$L \geq 5(D-d) \qquad (3-3b)$$

（2）当厚壁的截面尺寸 D 小于两倍的薄壁截面尺寸 d 时，连接时可以采用圆角过渡的方式，如图 3.3（c）所示。当零件采用不同的材料时，过渡圆角半径 R 存在不同的数值。

当零件为铸铁时，R 的大小满足公式（3-4）

$$R \geq \left(\frac{1}{6} \sim \frac{1}{3} \right) \left(\frac{D+d}{2} \right) \tag{3-4}$$

其中，厚壁的 R 取较小的数值，薄壁的 R 取较大的数值。通过上式计算出数值后，应该在 1mm，2mm，3mm，5mm，8mm，10mm，15mm，20mm，25mm，30mm 和 40mm 系列的数值中选用最接近的并且较大的数值。

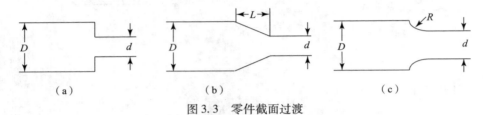

图 3.3　零件截面过渡

当零件为钢、有色金属和可锻铸铁等金属时，首先根据 $\frac{D+d}{2}$ 的值按照表 3.3 选用对应的过渡圆角值 R。

表 3.3　过渡圆角值

$(D+d)/2$	12	12~16	16~20	20~27	27~35	35~45	45~60
R	6	8	10	12	15	20	25

相同壁厚的两个壁连接时，同样应该有圆角过渡。

3.2.5　收缩率的计算

铸件在冷却的时候，由于合金存在线收缩，铸件的尺寸会比模型小，所以铸造模型的尺寸要比铸件放大一些，放大的比率要根据铸件的线收缩率确定。铸件的线收缩率如下：

$$\varepsilon = (L_{模} - L_{铸})/L_{铸} \tag{3-5}$$

铸件的线收缩率不仅受合金种类的影响，而且与铸件的结构和铸型种类有关。表 3.4 列举了一些砂型铸造时铸件的线收缩率的数据。

表 3.4　铸件的线收缩率

合金种类		铸件线收缩率	
		自由收缩	受阻收缩
灰铸铁	中小型铸件	0.9%~1.1%	0.8%~1.0%
	中大型铸件	0.8%~1.0%	0.7%~0.9%
	特大型铸件	0.7%~0.9%	0.6%~0.8%
球墨铸铁		0.9%~1.1%	0.6%~0.8%
碳钢和低合金钢		1.6%~2.0%	1.3%~1.7%

3.2.6　铸件拔模斜度

铸件在铸造时要设置拔模斜度。在零件侧面的直立壁上如果没有足够的拔模斜度，在拔模时将会使零件铸件的角部损坏。拔模斜度的计算规则如下：

（1）当铸件采用木模时，拔模斜度一般设置为 1°～3°；采用金属模手工造型时，拔模斜度为 1°～2°；采用金属模机器造型时，拔模斜度为 0.5°～1°。

（2）如果模型的精度很高，刚度很大，可采用小点的拔模斜度。

（3）铸件的高度尺寸增大，可相应减少拔模斜度。

（4）内侧面的拔模斜度一般大于外侧面的拔模斜度。具体值可参考表3.5。

表3.5　铸件的拔模斜度

高度尺寸 /mm	金属模	木模
	拔模斜度（外侧面/内侧面）	
~20	1°30′/3°	3°/3°
>20~50	1°/2°	1°30′/3°30′
>50~100	0°45′/1°	1°/1°30′
>100~200	0°30′/0°45′	0°45′/1°
>200~300	0°30′/0°45′	0°30′/1°
>300~500	0°20′/0°30′	0°30′/0°45′
>500~800	0°20′/0°30′	0°30′/0°45′
>800~1180	0°15′/—	0°20′/0°30′

3.3　可加工性评价

3.3.1　可加工性评价概述

可加工性评价主要针对零件的可加工性进行评价。零件的可制造性指标主要包括经济指标和技术指标两个方面[27]。对于工程技术人员来说，可加工性是DFM 最直接的内容，也是影响产品技术指标的主要内容，同时还是设计与制造之间协同的最基本的内容。零件设计过程就是从特征库中选取所需的特征（包括非几何信息），通过布尔运算，得到由特征组成的零件模型。根据影响可制造性的因素，可制造性评价可细分为特征关系评价、单元特征评价和零件总体评价3 个部分。在特征关系评价中有公差关系评价、尺寸关系评价；在单元特征评价中有特征尺寸精度评价、表面粗糙度评价和特征形状评价；在零件总体评价中有总体结构工艺性评价、总体尺寸精度评价和总体质量要求评价。这些评价给出了并行设计中制造对设计的约束，并为设计阶段的评价使能工具开发提供了参考模型。对上述评价因素可以采用基于规则的技术，在规则库、工艺信息数据库、制造资源数据库、特征信息数据库等的支持下，通过匹配和推理来判定设计方案是否符合制造的需求，并给出反馈信息，从而对是否进行重新设计作出决策。同时为保证该系统的有效性，需定期组织专家，利用专家知识对评价结果进行校验，如发现校验结果不一致，则需调整或完善相应信息库中的内容，以达到校验结果的一致性。

零件加工可行性评价是分层进行的，一般分为定性评价和定量评价。前者只作出是或否的判断，即判断所设计的特征和零件能否在目前的制造环境下被顺利加工出来；而后者则可以进行优化选择，即如果满足当前特征的加工设备有多种，选择出成本最低的加工链和最为经济有效的设备（如机床、刀具等）。

基于特性的零件可制造性评价体系如图 3.4 所示。

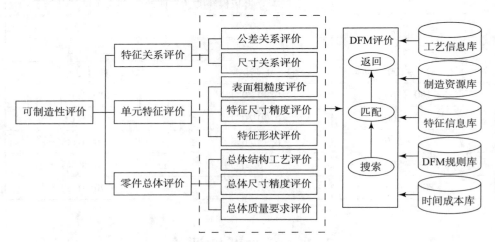

图 3.4　基于特性的零件可制造性评价体系

加工可行性评价是从特征和零件两个层次进行的。首先对已设计的所有特征进行加工可行性评价，判断其加工性；其次根据所设计零件的总体信息来评价零件的可加工性。为了实现加工可行性评价，通过对设计经验、机械加工工艺手册以及工厂设备环境进行分析、归纳与整理，将其总结成规则的知识表达形式，构造出加工可行性评价规则集。

根据特征–加工设备的关系，依次将各个特征代入一系列相应的约束规则中，如果特征不满足任何一个约束，这说明其属性值超出了制造约束规则的范围；反之，若特征满足多个约束规则，则该特征是可制造的。如果加工方法或加工设备不唯一，这时满足约束规则的这些设备则构成设备候选集（或称因素集），可以通过二级模糊综合评判方法进行优选。

当所有单个特征通过后，需对零件总体的可加工性进行评价，依照零件的总体特征如尺寸、材料等，以及各特征之间的相互关系对特征加工方法的影响来判断零件能否被加工。

加工可行性定量评价采用一定方法，如基于层次的模糊综合评判，对多个制造方案进行综合性评价，选取的评价指标一般包括制造周期、加工成本、加工难度、产品质量等，形成评价指标体系。综合评价的核心是如何科学合理地确定各不同指标项的权值系数。目前的评价方法一般依赖专家的人为因素来选定权值系数，然后采用一定的方法进行加权平均。

3.3.2　基于特征的可加工性评价规则

现以机械加工中常见的零件加工为例进行说明。零件的种类很多，其尺寸大小和结构形式都有很大差别，但从工艺上分析它们仍有许多共同之处，例如箱体类零件的结构特点是：一般是由五个或六个平面组成的封闭式多面体；零件的结构形状复杂；内部常为空腔形，某些部位有"隔墙"，零件壁薄且厚薄不均；箱壁上通常都布置有平行孔系或垂直孔系；零件的加工特征主要是平面、孔和槽，以及这些特征的组合。因此制定零件加工特征的评价规则，应以孔特征、平面特征和槽特征为主。对零件特征进行评价不仅应指出该特征存在哪些加工问题，如果可以加工，应该给出相应的加工方法。

1. 孔特征的加工评价规则

零件上的孔按照使用目的可分为很多种类，一般可分为轴承支撑孔、连接孔、销孔、斜油标孔等。其中轴承孔的要求精度最高，容易出现加工问题，同时零件的底座紧固孔一般为带螺纹的阶梯孔，加工相对困难。因此可以将零件上的孔分为三类：轴承孔、底座紧固孔和其他类型孔。

三种类型的孔存在共同的评价规则，规则如下：

（1）孔的深度（H）和直径（D）的比值 μ（图 3.5）。

根据机床信息制定一个标准值 A，当 μ 大于 A 时，该孔难以加工，当 μ 小于 A 时，该孔可以加工。例如当孔的直径小于 12.5mm 时，$H:D < 4$；当孔的直径大于 12.5mm 时，$H:D < 10$。如果该孔可以加工，评价该孔的可加工性，当 $\mu > 0.8A$，且 $\mu < 1$ 时，该孔的可加工性一般；当 $\mu > 0.5A$，且 $\mu < 0.8A$ 时，该孔的可加工性良好；当 $\mu < 0.5A$ 时，该孔容易加工。

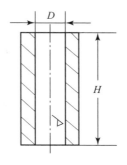

图 3.5　孔的直径和深度

（2）铸孔的最小直径 Φ。

零件孔铸造与否与零件的生产批量及零件的材料类型有关。当该零件为灰铸铁件时，在大批量生产时，铸孔的最小直径 Φ 为 12mm，当该零件为单件小批量生产时，Φ 为 18mm。同时铸孔的方向与拔模方向平行。

（3）孔径尺寸符合标准。

零件上各种类型孔的尺寸应该符合相应的设计标准，不应随意设计其孔径大小，若方便可采用相应规格的钻头等进行钻削。

（4）孔轴线垂直于孔端面（图3.6）。

孔的轴线应该垂直于孔的端面，这样便于加工过程中轴线的定位，并且使加工更加容易。

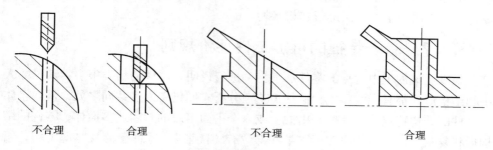

图3.6 孔轴线与端面示意

（5）同一平面上的孔的排列（图3.7）。

在同一平面上排列的同种类型的孔径值大小应相等，以便于在一道工序中同时加工同种类型的孔，提高工作效率。

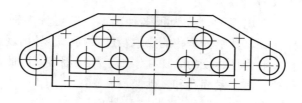

图3.7 同一平面上的孔的排列

（6）同轴孔系（图3.8）。

同轴孔系的排列应为两头大，中间小，或两端与中间一样大，加工时可以从一端伸入，避免从中间装刀。

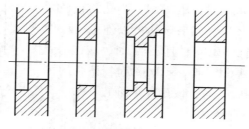

图3.8 同轴孔系

（7）孔的位置不能距离壁太近，以便于钻头的进退，如果孔与壁距离太近，钻头向下引进时，钻床主轴会碰到壁，钻头无法下到钻孔位置，如图3.9所示。

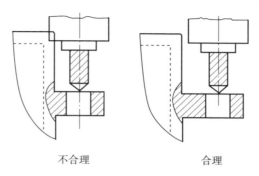

不合理　　　　　　　　　合理

图3.9　钻、镗孔位置

除了上面提到的这些通用评价规则，不同类型的孔有自己的独特规则。

（1）轴承孔。

由前面所述可知，零件分为整体式和组合式两类。

①组合式零件轴承孔的轴线与零件的结合面在同一个平面上。

②轴承孔需要铸造，不能通过钻床或其他设备通过钻孔产生。

③组合式零件的加工过程分为两个阶段：首先完成箱盖和底座的加工，主要是对合面、紧固孔和定位孔的加工；第二阶段利用两销定位，完成箱盖和底座的合装。

④加工轴承孔一般通过镗床，如果精度要求更高，则需要磨床。

⑤大批量生产需要专用机床，小批量生产可通过加工中心。

⑥衡量轴承孔的可加工性除了通用指标，还有一项：可加工该孔的机床与能够加工轴承孔的机床的数量之比。比值越高，表示该孔的可加工性越好。

（2）底座紧固孔。

底座紧固孔一般为阶梯孔，并且阶梯孔上存在螺纹。

①底座紧固孔的深度 H 为大孔和小孔的深度之和，直径 D 为小孔的直径，因此 μ 应符合设定的标准。

②零件的生产方式无论是大批量还是中小批量，大孔的直径都应该小于铸孔的最小直径，不能出现大孔需要铸造而小孔需要钻孔的情况。

③车床可以进行孔特征的加工，但是零件孔的加工不能采用车床。

④底座紧固孔一般通过"钻扩铰"的方式进行加工，孔加工完之后，用螺纹铣刀进行螺纹加工，或者采用攻丝的方法加工螺纹。

该评价规则可适用于其他类型的阶梯孔。

（3）其他类型的孔。

该种类型的孔，一般包含定位销孔、斜油标孔或者其他的普通通孔等。

①根据零件的生产方式，评价该孔是否铸造，如果为非铸造孔，评价该孔的

最小孔径能否加工。一般钻床或者其他类型的机床有最小的加工孔径要求。低于该值，机床无法加工。

②该种类型的零件孔的加工不能采用车床。

③大批量生产一般采用专用机床，中小批量生产采用数控机床或者加工中心。

2. 平面特征的评价规则

零件上的主要加工平面为：箱盖的对合面和顶部方孔端面、底座的底面和对合面、轴承孔的端面等。尤其是组合式零件，对合面的精度要求非常高。平面的加工相对简单，零件上平面的评价规则较少，因此主要从加工方法上进行阐述。

（1）组合式零件轴承孔上的轴线在对合面上。

（2）平面的表面质量是否要求过高。

（3）壁厚和平面面积是否满足要求。

（4）平面的加工过程是否发生干涉。

（5）斜面上是否有安装要求、精度要求。

（6）对于中、小件，一般在牛头刨床或普通铣床上进行；对于大件，一般在龙门刨床或龙门铣床上进行。

（7）在大批量生产时，多采用铣削。

（8）当生产批量大且精度又较高时可采用磨削。

（9）单件小批量生产精度较高的平面时，除了一些高精度的零件仍需手工刮研外，一般采用宽刃精刨。

（10）当生产批量较大或为保证平面间的相互位置精度，可采用组合铣削和组合磨削。

3. 槽特征的评价规则

零件模型上槽的形状一般分为"U"字形或者"一"字形。槽的类型可选择 T 型、V 型或者矩形槽。槽的评价规则较简单。

（1）矩形槽一般是通过机床加工出来的，也可以通过铸造成型。

（2）槽上放冒口而且冒口盖住整条槽时，应将槽铸死。

（3）如果槽的形状不为"一"字形，为便于加工，槽的拐角处应该有圆角。

（4）槽的精度应该小于现有能够加工该槽的机床能够达到的精度。

（5）零件中槽一般由铣床进行加工。

4. 零件型腔特征的评价

腔的深度与转接圆角半径的比值是否过大；腔内部最小间距是否小于选择的刀具直径；腔的转接圆角半径是否一致；腔的侧壁与底面之间圆角半径的比值是否一致，是否过大。

3.3.3 加工可行性评价流程

零件加工可行性评价流程如下：首先提取零件模型的制造特征，该特征包含几何信息（特征实体）和非几何信息（尺寸、粗糙度、公差等），将提取出的特征、特征材料类型以及零件整体尺寸代入各个特征的相应的评价规则中，如果所有的约束规则都能够满足，则特征可以加工，该零件是可以制造的，筛选出能够加工各个特征的制造资源信息。具体评价过程如图 3.10 所示。

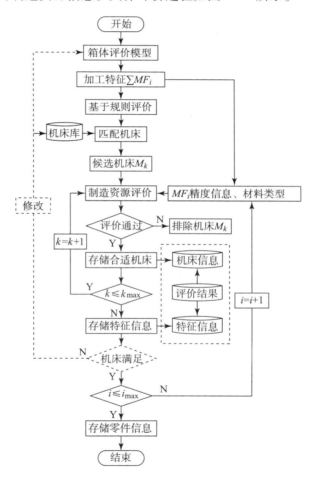

图 3.10　零件加工可行性评价流程

以普通通孔特征为例，评价该特征的算法如下：

步骤 1：提取零件模型待评价的孔特征；

步骤 2：评价孔轴线是否与端面垂直、孔的大小是否符合标准等；

步骤 3：搜索能够加工孔特征的机床 $\sum M_1$；

步骤 4：提取该孔的深度（L）与直径（D），$a = L : D$，在 $\sum M_1$ 内搜索能够加工大于等于 a 的机床 $\sum M_2$；

步骤 5：提取零件的整体尺寸（包括长度、宽度和高度），匹配候选机床中的工作台尺寸，在 $\sum M_2$ 内筛选候选机床 $\sum M_3$；

步骤 6：输入该零件的材料类型，与 $\sum M_3$ 机床中的刀具匹配；

步骤 7：提取孔的精度（包含尺寸公差、形位公差、表面粗糙度），与 $\sum M_3$ 中的夹具匹配，得到符合条件下的 $\sum M_4$；

步骤 8：如果没有符合要求的制造资源信息，则该特征不能加工，如果有符合要求的制造资源信息，将符合要求的机床、刀具和夹具等存入后台数据库，保存孔特征的评价结果。

依据该算法，依次评价每个特征，并保存每个特征的信息，最后汇总成整个零件的评价信息。如果存在部分特征不能加工，则修改相应的特征或者添加相应的机床信息。

3.4　可制造性评价系统开发

下面以基于特征的箱体可制造性评价系统为例来说明。基于特征的箱体可制造性评价系统主要从以下几点进行系统模块和功能设计：

（1）制造资源建模功能。将制造资源按照机床 ID、机床种类、机床加工能力、机床可加工特征分别建模。采用交互式界面，输入相关信息，在 SQL Server 中建立相应的数据表，并实现相应的数据表之间的关联，以便于零件特征的可制造性评价及筛选相应的制造资源。

（2）铸造工艺性评价功能。箱体零件一般通过铸造产生毛坯模型，铸造过程需要满足相应的铸造条件。按照一般的箱体铸造工艺，设定相应的评价规则，根据箱体的结构提供零件应满足的参数信息，如拔模斜度、L 型壁的连接角度、箱体的铸造厚度等。

（3）箱体模型重构功能。箱体的设计模型由设计特征组成，应将设计特征转化为相应的制造特征，以便于以后箱体的评价。建立相应的制造特征库（孔、槽等），然后通过加工特征重构箱体模型。对于不能用加工特征构建的特征需要通过特征识别方式来重构。

（4）箱体加工可行性评价功能。根据不同的制造特征选择相应的评价规则。用户点选相应的制造特征，系统自动提取相应的尺寸、公差信息。根据设定的评价规则，系统对提取出的制造特征进行加工可行性（例如如何加工该特征、孔径比是否合适等）评价。如果该特征满足要求，系统筛选出相应的制造资源信息；如果该特征不满足要求，系统进行提示，用户可在模型上进行相应的修改使其满足要求，或者添加相应的制造资源信息使其能够加工该特征。

（5）制造资源筛选功能。在上一步评价中，系统自动筛选了适合加工某制造特征的制造资源信息。一般情况下，在一道工序中，制造资源不唯一，通过层次分析方法，设定相应的评价权重，通过计算，筛选出符合每道工序的最佳制造资源，以辅助工艺设计人员。

因此，基于特征的箱体可制造性评价系统总共分为五大模块，分别是制造资源建模模块、铸造工艺性评价模块、箱体模型重构模块、加工可行性评价模块和制造资源筛选模块。系统的功能框架如图 3.11 所示。

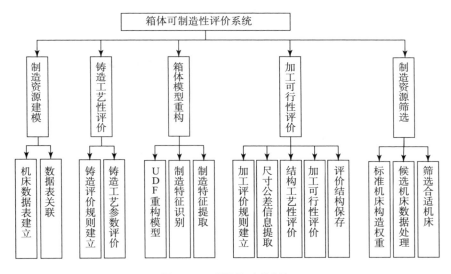

图 3.11　系统的功能框架

箱体可制造性评价软件（Box Manufacturability Evaluation System Based on Feature，BMES）的开发环境和运行环境见表 3.6 和表 3.7。系统的开发和使用的操作系统为 Microsoft Windows XP，开发语言受开发工具为面向对象的 C＋＋语言。系统以插件的形式在 Pro/ENGINEER5.0 成功进行验证。该系统的运行后台数据库使用 Microsoft SQL server 2008 R2。

表 3.6　开发环境

操作系统	Microsoft Windows XP
开发工具	Windows Visual Studio 2008 Pro/TOOLKIT MATLAB R2009a
数据库	Microsoft SQL server 2008 R2

表 3.7　运行环境

操作系统	Windows XP，内存 1G，主频在 2.4GHz 以上
支持软件	Pro/E 5.0 或以上版本
运行环境	Windows XP 或者 Windows 7

3.4.1　制造资源建模

制造资源建模主要完成零件加工机床的基本信息和加工能力信息的建模表示，基本信息包括机床的种类、加工尺寸、定位精度等描述信息，加工能力信息包括该机床可以完成的加工特征类型（平面、槽、孔、圆柱面等）、加工特征的尺寸和相应特征面的精度信息。图 3.12 所示为"制造资源建模"对话框。

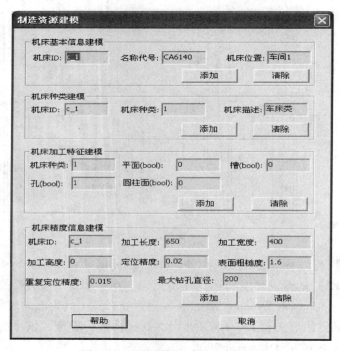

图 3.12　"制造资源建模"对话框

3.4.2　铸造工艺性评价

系统从 Pro/E 环境中自动提取箱体的长度、宽度和高度等信息，并人工输入选择该箱体所使用的材料类型（包含铸钢、灰口铸铁、铝合金、球墨铸铁、可锻铸铁）、箱体的最小设计厚度，系统根据箱体的长、宽、高及所用材料类型，进行与箱体铸造工艺性相关的评价，包括：箱体的设计厚度、箱体 L 形壁圆角值的计算、过渡圆角值的计算、铸件收缩率的计算、筋的厚度及高度的计算、起模斜度的计算等，同时输出相应的评价结果。图 3.13 和图 3.14 所示为铸造厚度和工艺参数的评价结果。

图 3.13 箱体铸造厚度的评价结果

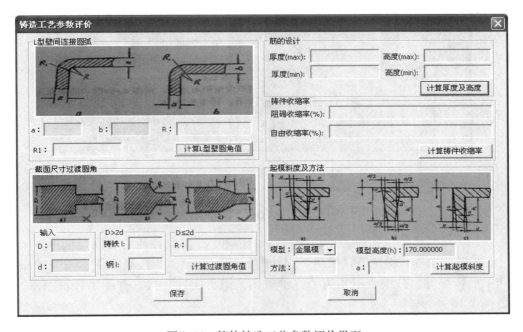

图 3.14 箱体铸造工艺参数评价界面

3.4.3　箱体制造特征重构

箱体特征重构是为了获得箱体的制造特征，以便和特征库中的特征进行比对。重构过程通过人工交互完成，首先人工按顺序选择零件几何模型的各个面，组成相应的制造特征的特征面，然后根据所选择的面，选择相应的边，形成特征的边集；然后根据初步确定的特征，按照基于图和规则的方法，系统根据选择的边集和面集自动识别相应的制造特征，并输出相应的特征名称和类型，提供相应的特征属性查看功能，如特征的尺寸、公差、表面粗糙度等。目前可以识别的基本特征包括孔特征、面特征、槽特征及其相应的组合。图 3.15 所示为台阶通孔的识别结果。

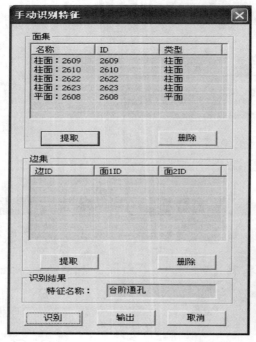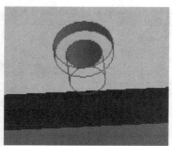

图 3.15　台阶通孔的识别结果

3.4.4　箱体加工可行性评价

加工可行性评价是根据重构所得的加工特征，提取特性的属性信息，如尺寸、精度、表面粗糙度等，按照不同种类的加工特征，如孔类特征、槽类特征和平面特征等，分别调用相关的评价规则，进行定性评价，并给出评价结果，如图 3.16 所示。

现以阶梯孔为例说明评价过程。孔的加工方法有两种：组合加工和单独加工。单独加工即该特征不与其他特征一起加工，是单独进行加工的；组合加工即

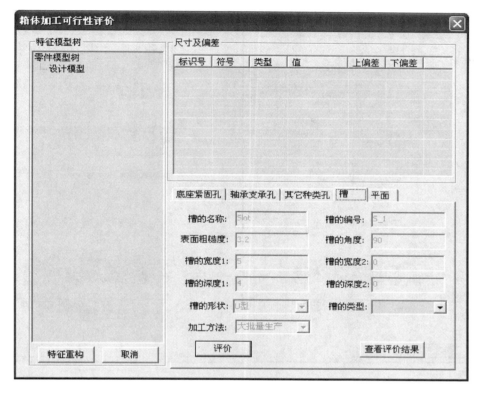

图 3.16 "箱体加工可行性评价"窗口

该特征与其他特征一起进行加工，如箱体的底座上的所有阶梯孔，一般是同时进行加工的。当"单独加工"时，"孔间距偏差"为"1"，不能进行修改；当"组合加工"时，"孔间距偏差"要求最高的加工精度。其生产方式有两种：大批量生产和中小批量生产。生产方式根据箱体的生产实际进行选择。"是否螺纹孔"有两种选择：是或者否。一般箱体的底座紧固孔为螺纹孔。图 3.17 所示为阶梯孔的评价选项。图 3.18 所示为评价结果。

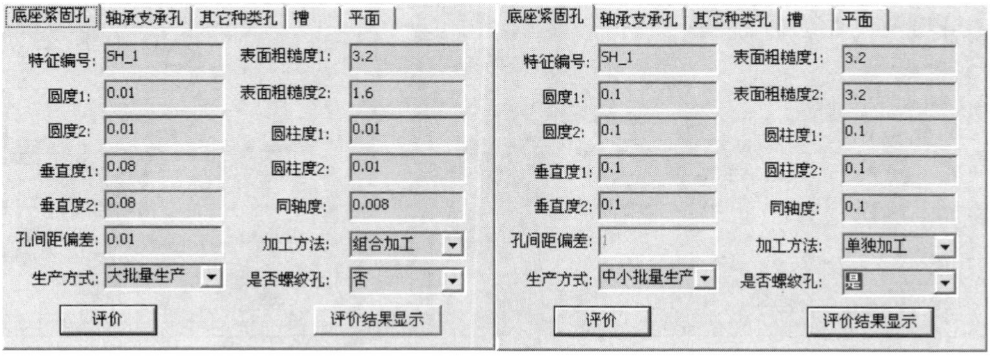

图 3.17 "阶梯孔"选项卡

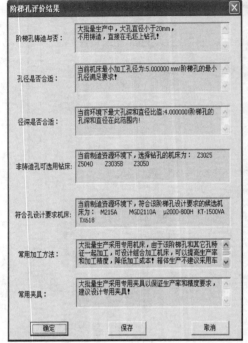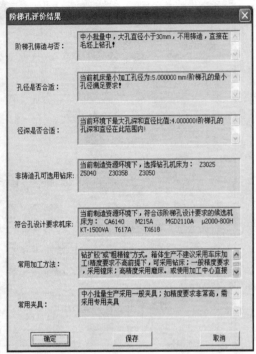

图 3.18　两类阶梯孔的评价结果

　　同理，以普通通槽为例。槽的形状可选择 U 型或者 L 型，槽的类型可选择 T 型、V 型或者矩形槽。选择 V 型槽时，需要填写相应的角度。加工方法分为大批量生产或者中小批量生产。图 3.19 和图 3.20 所示为槽的评价界面和槽特征的评价结果。

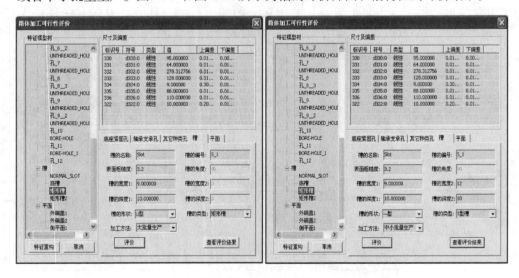

图 3.19　槽的评价界面

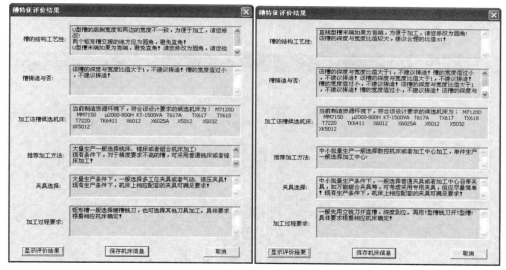

图 3.20 槽特征的评价结果

依次对箱体的各个组成特征完成评价。系统对各个特征的评价结果及相应的候选机床进行保存。为进一步制造资源筛选提供依据。

3.4.5 制造资源筛选评价

筛选机床需要考虑多方面的因素，包括工艺成本、工序时间、加工质量等。采用分层的筛选策略，对各指标项进行加权，对机床进行定量评价。图 3.21 所

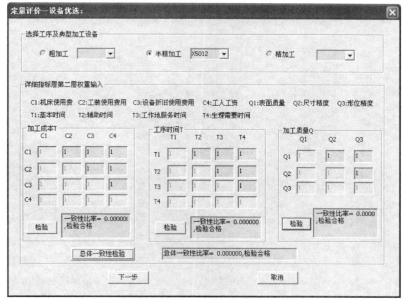

图 3.21 第二层权重输入界面

示为第二层评价的权重项。然后根据各设备的定量评价结果对设备按符合程度排序，进行设备优选，如图 3.22 所示。

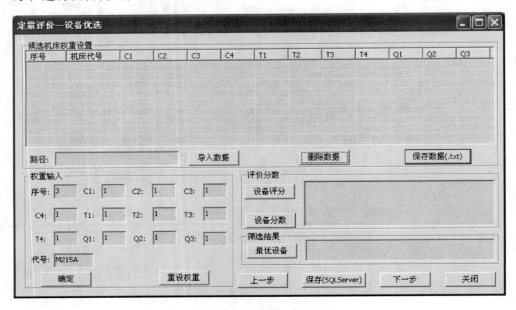

图 3.22　设备优选界面

第四章

工艺准备

4.1 引　　言

工艺是连接设计与制造的桥梁，是把产品由设计转化为实物的重要阶段。工艺是产品制造过程中最活跃的因素，工艺设计的好坏直接影响产品制造的效率、质量和成本。

国家标准 GB 4863 对"工艺准备"的定义：产品投产前所进行的一系列工艺工作的总称。其主要内容包括：对产品图样进行工艺性分析和审查，拟定工艺方案，编制各种工艺文件，设计、制造和调整工艺装备，设计合理的生产组织形式等。

以产品设计为出发点，以制造资源为基础，合理安排生产过程的制造资源，保证生产过程的合理、高效，高质量和低成本是工艺准备的主要内容和保证目标。工艺准备按工作内容可分为加工工艺和装配工艺两类，在此主要讨论加工过程工艺准备中的工艺方案拟定和工艺文件编制。

4.2　工艺规划

工艺方案拟定又称工艺设计或工艺规划，就是根据零件设计结果，结合企业现有机床设备、工装等制造资源状况，合理安排零件加工的工艺路线，保证零件加工的工艺目标。现在设计及制造过程可在三维环境下进行，因此人们也要求工艺设计在三维环境下进行，于是提出了三维工艺设计。其中零件三维工艺规划是三维工艺设计的重要内容。三维工艺规划作为三维工艺设计的关键环节，决定了零件加工过程是否顺利，以及能否保证加工质量及低制造成本。工艺路线决策的多因素和制造资源的多样性，造成了三维工艺规划的复杂性和特殊性。本章针对三维工艺规划问题，引入了加工的最小单位——加工元的概念，以此为基础提出了一种模拟退火和蚁群算法相结合的混合式算法，最后通过实例验证了该方法的有效性。图 4.1 所示为工艺规划过程信息流示意。

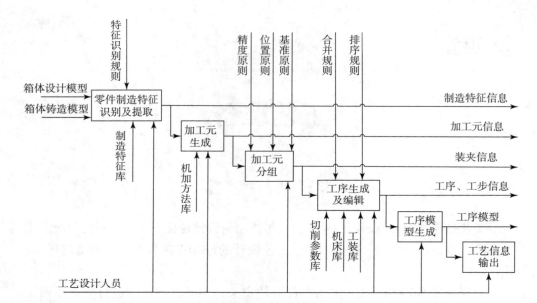

图 4.1　工艺规划过程信息流示意

4.2.1　工艺方案选择建模

加工设备的选择受到很多因素的影响，如零件的加工成本大小、加工时间多少、加工质量高低和设备资源的状态（已损坏或者正在使用）等。根据生产厂商的不同目标要求，往往可得出不同的设备选择方案。如航天器的生产对质量的要求非常高，相对而言，加工时间和加工成本的影响因素较小，因此航天器件的生产一般选择高精尖的加工中心。一般民用产品，对加工成本或者加工时间的控制非常严格，而对加工质量的要求相对不是非常苛刻，人们会倾向于使用普通机床。因此需要针对不同的场合考虑相应的因素，通过建立相应的数学优化模型实现工艺方案的优选。

1. 工艺规划的数学模型

工艺方案的优选是一个多目标优化问题。众所周知，多目标优化决策的最优值问题一般转化为求解目标函数的最大值或者最小值，其数学模型如下：

$$\min(\text{or max}) u = F(x)$$
$$\text{s. t. } G(x) \leqslant 0 (\text{or } G(x) \geqslant 0) \tag{4-1}$$

其中，$F(x) = \bigcup\limits_{i=1}^{m} f_i(x)$ 为目标函数，$G(x) = \bigcup\limits_{j=1}^{n} g_j(x)$ 为约束函数，x 为相应的函数变量。

在加工设备的评价选优时，传统的加工设备选择主要依靠设计者多年的生产经验，定性地给出相应的选择结果。这样得出的评价结果不一定是最优的，而且不容易操作。因此可以对影响零件加工设备选择的条件进行建模，对每个影响因素赋予相应的权重，在约束函数的约束条件下，将加工设备的选择问题转化为多个目标函数的求极值问题。用数学的方法代替设计人员的经验，得出的评价结果更加可靠，这是可制造性评价的研究方向，它也更加符合现代设计的基本要求。

在零件的实际加工过程中，一般影响设备选择的因素可以分成三大类：工艺成本、工序时间和加工质量。与此三类因素相比，其他的因素对零件的生产影响较小，可以忽略，因此零件加工方案的选择是一个典型的多目标优化决策问题，该问题的数学模型如下：

$$\min u = F(x) = \bigcup_{i=1}^{3} f_i(x)$$

$$\text{s. t. } G(x) = \bigcup_{j=1}^{n} g_j(x) \leq 0 \qquad (4-2)$$

其中，x 为决策变量，即为影响设备选择的各个因素（工艺成本、工序时间和加工质量），$f_i(x)$ 为影响设备选择各个因素的目标函数（i 的取值为 $0 \sim 3$），$g_j(x)$ 为影响因素的变化范围（j 的取值根据实际情况而定）。具体目标函数和约束函数的建模过程见下面的内容。

2. 评价指标建模

根据前面提出的影响加工方案选择的数学模型，现重点对影响机床选择的因素进行建模。

1）工艺成本

在加工过程中，工艺成本的核算非常复杂，在零件加工方案的选择过程中，挑选构成成本的主要费用，合理忽略对生产成本构成影响不大的费用。可以将工艺成本归结为四部分，即机床使用费用 C_1、工装使用费用 C_2、设备折旧费用 C_3 和工人的工资 C_4，见表 4.1。

表 4.1 工艺成本定义

工艺成本	定义
C_1	包含机床的修理费、机床的动力费以及润滑和冷却费等
C_2	包含刀具和夹具的使用费用
C_3	主要为机床的折旧费
C_4	主要为在零件生产过程中对零件进行加工所耗的工人的工资、奖金和各种津贴等

2）工序时间

在零件的生产过程中，工序时间的核算相对简单，主要包含四大类，即基本时间 T_1、辅助时间 T_2、工作地服务时间 T_3 及生理需要时间 T_4，见表 4.2。

表 4.2 工序时间的定义

工序时间	定义
T_1	主要为切削时间，即直接改变工件的形状、尺寸、表面质量等所消耗的时间
T_2	在一道工序中，为保证基本工作所作动作需要的时间，包括装夹工件、卸下工件等所耗费的时间
T_3	在工序之外，用于保证加工过程的顺利进行所消耗的时间在每个工件上的分摊，如换刀、机床调整等的时间
T_4	工作中，工人自然需要花费的时间在每一个工件上的分摊

3）加工质量

加工质量主要包含三类，即产品表面质量 Q_1、尺寸公差 Q_2 和形位公差 Q_3，见表 4.3。

表 4.3 加工质量的定义

加工质量	定义
Q_1	包含表面微观几何精度和表面层机械物理性质两方面
Q_2	切削加工中零件尺寸允许的变动量
Q_3	包含形状公差和位置公差

在零件的加工方案评价中，通过对不同的指标进行建模，设定不同指标的不同权重，根据相应的数学公式计算得出最符合每道工序要求的加工设备。整个加工方案评价指标体系如图 4.2 所示。

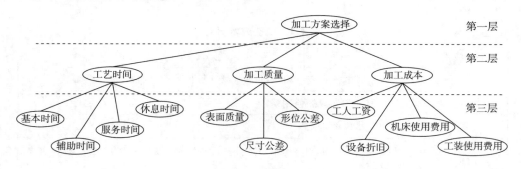

图 4.2 加工方案评价指标体系

3. 加工方案评价体系建模

定义 1 $P = \bigcup_{i=1}^{n} , \ p_i = \{p_1, \ p_2, \ \cdots, \ p_n\}$，$P$ 为零件的生产工序，即零件的加工过程由 n 道工序组成。

定义 2 $Y = \bigcup_{j=1}^{n} Y_j$，$Y_j = \{Y_1, Y_2 \cdots, Y_n\}$，$Y$ 为每道工序加工设备的组合，即对应每道工序 p_i，有 Y_i 台设备符合该工序的要求。

定义 3 $Y_j = \bigcup_{k=1}^{m} y_k = \{y_1, y_2 \cdots, y_m\}$，$m$ 为第 j 道工序符合加工要求的加工设备的数量，其中 y_k 为具体的机床设备。

定义 4 机床变量 $x_{ij}(i=1, 2, \cdots, n; j=1, 2, \cdots m)$，当选用第 i 道工序的第 j 个加工设备时，该值为 1，否则为 0。

定义 5 加工成本 $F_c = \sum_{i=1}^{n} \sum_{j=1}^{m} C_{ij} x_{ij}$，$C_{ij}$ 为对应各个具体加工设备的加工成本。该值可以为具体值，可以为与其他机床进行对比得出的权重值。

定义 6 加工时间 $F_t = \sum_{i=1}^{n} \sum_{j=1}^{m} T_{ij} x_{ij}$，$T_{ij}$ 为对应各个具体加工设备的加工时间。该值可以为具体值，也可以为与其他机床进行对比得出的权重值。

定义 7 加工质量 $F_q = \sum_{i=1}^{n} \sum_{j=1}^{m} Q_{ij} x_{ij}$，$Q_{ij}$ 为对应各个具体加工设备的加工质量。该值为与其他机床进行对比得出的权重值。

定义 8 目标函数 $F = \omega_1(\min F_c) + \omega_2(\min F_c) + \omega_3(\max F_q)$，$F$ 为零件加工设备筛选的目标函数，ω_1、ω_2 和 ω_3 分别为加工成本、加工时间和加工质量的权重（如果零件的搬运成本远远小于零件的加工成本，可以忽略零件的搬运成本）。

以上定义表示在符合要求的所有加工设备中，在一定权重条件下选择满足最小加工成本、最小加工时间及加工质量最好的制造资源。因为目标函数是求和的形式，而且成本、时间和质量的单位不统一，为将多目标问题转化为单目标问题，并且得出有意义的结果，C_{ij}、T_{ij} 和 Q_{ij} 均为权重值。

定义 9 零件加工设备选择目标函数 $F' = F = \omega_1(\min F_c) + \omega_2(\min F_c) - \omega_3(\min F_q)$。一般情况下，目标函数都为求最值问题（最大值或者最小值），为统一形式，将零件加工设备选择的目标函数设为求最小值问题。

4.2.2 基于加工元的工艺模型表示

1. 加工元定义

加工元是某个制造特征的最小加工操作，类似于加工的工步。比如，某孔特征的特征加工过程是钻、扩、铰，则钻孔、扩孔和铰孔分别是该孔的加工元。加工元包括该加工操作的加工阶段、刀具接近方向、候选机床和候选刀具。可以采用如下方式表示加工元：

$$u_i = \{O_u, P_u, T_u, F_u, M_u, C_u\} \qquad (4-3)$$

其中，O_u 为加工元的几何模型；P_u 为加工阶段，如粗加工、半精加工和精加工等；T_u 为制造特征的刀具接近方向，如三轴机床包括：$+x$，$-x$，$+y$，$-y$，$+z$，$-z$；F_u 为加工元的定位基准；M_u 为候选机床，如 m_1、m_2 等；C_u 为候选刀具，如 t_1、t_2 等。

2. 加工元分组

加工元分组是将具有相似加工属性的加工元分成一组，这是工序生成的基础。分在同一组的加工元就构成了工艺过程的一个工序。加工元分组需要遵循精度原则、位置关系原则和定位基准原则。

1）精度原则

精度原则是将具有相同或相近加工精度的加工元分成一组。为了使工艺过程多次装夹的误差累积最小，应按照加工精度的要求，对那些有严格尺寸、位置、方向或形状公差要求的特征共用同一个基准，将之分在同一加工元组。同组内的特征紧密相关，最好在同一装夹中被加工。

2）位置关系原则

位置关系原则是在精度原则分组的基础上将具有相同刀具接近方向的加工元分成一组。尽管建议有严格公差要求的加工特征在一次装夹中完成加工，但机床能力不一定能保证在一次装夹中完成所有特征加工。因此对于按照加工精度原则分一起的加工元，还要结合刀具接近方向对工序进行重新编组，使相同刀具接近方向的特征可重组到一起，从而构成一个加工元组。

3）定位基准原则

定位基准原则是在依据位置关系原则分组的基础上将具有相同定位基准的加工元分成一组。

3. 工艺模型表示

在充分考虑加工元定义和加工元分组的基础上，基于加工元的工艺模型定义为：

定义 10　$PM::=\{WM, PA\}$

其具体含义如下：

（1）PM 表示工艺模型。

（2）WM 表示工序总模型。

（3）PA 表示工艺模型的工艺属性信息。

工序总模型是由许多工序模型构成，工序总模型表示如下：

定义 11
$$WM = \bigcup_{q=1}^{sum} WM_q \tag{4-4}$$

其具体含义如下：

（1）sum 是工序总个数。

（2）WMq 是工序模型，$q=1, 2, \cdots, sum$。

定义 12　$WM_q::=\{PCS, WPA, WN\}$

其具体含义如下：

（1）*WPA* 表示工序属性，包括工序名称、工序内容、设备、工装、工步信息等。

（2）*WN* 表示工序注释信息，包括装夹基准、技术要求等。

（3）*PCS* 表示工序包含的加工元集合，其是按照工艺基本原则（先主后次、先面后孔、基准先行、先粗后精），对加工元分组进行排序和组合，最终生成的工序所包含的加工元集合。

4.2.3 基于加工元的工艺路线规划

1. 基于加工元的工艺路线决策过程描述

零件的加工工艺路线是将各个制造特征的所有加工元按一定顺序排列而成。零件的加工工艺过程往往由若干道工序组成，一道工序包含若干个加工工步，一个工步只能包含一个加工元。

2. 基于工艺规则的加工顺序推理方法

零件的制造特征之间存在的加工顺序约束关系，一般遵循一定的工艺原则，如先主后次、先面后孔、基准先行、先粗后精等。可以用零件特征之间的公差关系来表征这些规则，具体的推理规则见参考文献［28］。图4.3（a）描述了一个简单工件的尺寸和位置公差图，根据公差值信息，通过上述工艺规则，生成加工元顺序关系图，如图4.3（b）所示。

零件的全部加工元的加工顺序约束关系图建立完成后，它们在工艺路线中的前后位置关系可以使用加工元顺序约束矩阵 $\boldsymbol{R}_{sum \times sum} = (u_{i,j})$ 表示，i，$j = 1$，2，$\cdots$，sum，图4.3（a）所描述的简单工件的加工元顺序约束矩阵如图4.3（c）所示。

$$u_{i,j} = \begin{cases} 1 & \text{加工元 } u_i \text{ 优先于 } u_j \\ 0 & \text{其他} \end{cases} \qquad (4-5)$$

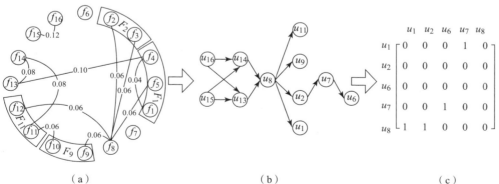

（a） （b） （c）

图4.3 加工顺序推理

（a）面与面的尺寸公差关系；（b）加工元顺序关系；（c）加工元顺序约束矩阵

根据式中加工元顺序约束矩阵的概念和性质，给出如下定义：

定义 13 优先约束矩阵行矢量的模 $|\boldsymbol{H}_i| = \sum\limits_{j=1}^{sum} u_{i,j}$ 表示第 i 个加工元提供加工约束的数量。

定义 14 优先约束矩阵列矢量的模 $|\boldsymbol{L}_j| = \sum\limits_{i=1}^{sum} u_{i,j}$ 表示第 j 个加工元受到加工约束的数量。

对于优先约束矩阵中的任一个加工元 u_k，根据定义 13 和定义 14 可得如下推论：

推论 1 若 $|\boldsymbol{H}_h| \neq 0$，且 $|\boldsymbol{L}_h| = 0$ 时，此加工元 u_k 可以作为加工路线的起点。

推论 2 若 $|\boldsymbol{H}_h| = 0$，且 $|\boldsymbol{L}_h| \neq 0$ 时，此加工元 u_k 可以作为加工路线的终点。

推论 2 若 $|\boldsymbol{H}_h| \neq 0$，且 $|\boldsymbol{L}_h| \neq 0$ 时，此加工元 u_k 是位于加工路线中的中间工序。

3. 基本蚁群算法、工艺路线决策求解算法

1）优化目标

本书以尽量减少装夹次数、换刀次数和机床变换次数为工艺路线的优化目标。

$$\min C(x)\,(x \in \boldsymbol{R}^{sum}) \tag{4-6}$$

$$C(x) = a_F C_F(x) + a_C C_C(x) + a_M C_M(x) \tag{4-7}$$

$$C_F(x) = \sum_{i=1}^{sum-1} \max[\delta(G_i D, G_{i+1} D), \delta(G_i FS, G_{i+1} FS), \delta(G_i F_t, G_{i+1} F_t)]$$

$$\tag{4-8}$$

$$C_M(x) = \sum_{i=1}^{sum-1} [\delta(G_i M, G_{i+1} M)] \tag{4-9}$$

$$C_C(x) = \sum_{i=1}^{sum-1} [\delta(G_i C, G_{i+1} C)] \tag{4-10}$$

其中，a_F、a_C 和 a_M 分别为夹具变换次数、换刀次数和机床变换次数的权重系数，由工艺人员根据具体情况确定；$C_F(x)$、$C_C(x)$、$C_M(x)$ 分别表示装夹次数、换刀次数和机床变换次数；GD、GFS、GF、GM、GC 分别表示加工中用到的定位基准、装夹表面、夹具、刀具和机床；$\delta(a, b)$ 是一个判断函数，表示为

$$\delta(a, b) = \begin{cases} 0 & (a = b) \\ 0 & (a \neq b) \end{cases} \tag{4-11}$$

2）禁忌准则和约束条件的处理

在进行加工元节点选择时，符合禁忌准则的节点会被放入禁忌列表 Tab

（uk）中，在遍历过程中将被筛选。禁忌节点分为两类：①已经过的加工元节点；②不满足本书所定义的加工顺序约束的加工元节点。

3）路径转移概率

在 t 时刻，蚂蚁 k 从加工元 u 移动到加工元 v 的概率 $P_{u,v}^k(t)$ 可以表示为

$$P_{u,v}^k(t) = \begin{cases} \dfrac{[r_{u,v}(t)]^\alpha [\eta_{u,v}(t)]^\beta}{\sum\limits_{s\in a_k}[r_{u,s}(t)]^\alpha [\eta_{u,s}(t)]^\beta} & v\in a_k \\ 0 & v\notin a_k \end{cases} \qquad (4-12)$$

其中，$r_{u,v}(t)$ 是 t 时刻加工元 u 和 v 之间的信息素；α 表示信息启发因子；β 表示期望启发因子；$\eta_{u,v}(t)$ 表示加工元 u 移动到加工元 v 的期望程度，定义为相邻两个加工元 u 和 v 之间的制造资源更换率 $C_{u,v}$ 的倒数。$a_k = \{C—Tab(u_k)\}$ 表示 t 时刻蚂蚁 k 下一步允许选择加工元节点的集合。

4）信息素更新

在应用蚁群算法的计算迭代过程中，一个很重要的步骤就是在每轮蚂蚁爬行结束之后更新节点间的信息素含量，以指导下一轮的蚂蚁搜索过程。所谓指导是指计算节点间移动概率的时候会用到节点间的信息素含量，以确定节点曾经被选择的频率，被选频率越高，该节点此轮备选的可能性也就越大。

基本蚁群算法直接应用在实际问题中会有一定的缺陷，比如说搜索效率不高，尤其是容易过早收敛而陷入局部最优，无法搜索最优解。路径中的所有节点对于蚂蚁的选择来说是随机的，这也就意味着信息素的更新是随机的，这样就会造成收敛速度过低且容易陷入局部最优。本算法通过引入模拟退火思想完成信息素更新，达到快速搜索最优解或者次优解。因为基本蚁群算法在最开始寻优过程中，所有路径都没有信息素，第一条被选择的路径肯定会引导其他蚂蚁的选择，如果该路径不是最好的路径，更多蚂蚁的参与会造成局部最优的情况出现。因此，在工艺路线决策算法中引入了模拟退火算法，模拟退火算法会以一定的概率选择非最优解，这避免了局部最优情况的出现。

局部更新时信息素的增减将按照下式进行：

$$r_{u,v}(t+n) = (1-\theta)r_{u,v}(t) + \sum_{k=1}^m r_{u,v}^k(t) \qquad (4-13)$$

其中，θ 为挥发系数；$r_{u,v}^k(t)$ 表示蚂蚁 k 在本次遍历中在加工元 u 和 v 之间留下的信息素。

因此，基于加工元的工艺路线决策算法步骤如图4.4所示。图4.5所示为基于加工元的工艺路线示意。

1.生成加工元顺序约束矩阵 $R_{m \times n} = (u_{ij})$；

2.设置参数，初始化信息素踪迹；

3.算法开始

while(不满足条件时) do：

{

　　for 蚁群中的每个蚂蚁 k

　　　for 每个节点构造解步骤(直到构造出完整解)

4.　　　　　进行信息素局部更新；

5.　　　　　为蚂蚁 k 选择下一个节点遍历 $a_k = \{C—Tab(u_k)\}$；

6.　　　　　计算蚂蚁 k 转移到下一个节点 v、h 的概率 $P_{v,k}^k(t)$、$P_{u,h}^k(t)$；

7.　　　　　If　$P_{v,k}^k(t) < P_{u,h}^k(t)$

　　　　　　接受 h 作为蚂蚁 k 转移的下一个节点；

　　　　Else

　　　　　　以概率 $\min\{1, \exp(-df/T)\} > random(0,1)$ 接受 h 作为蚂蚁 k 转移的

　　　　　　下一个节点，其中 $random(0,1)$ 是 0 与 1 间的随机数；

8.　　　　蚂蚁按信息素及启发式信息的指引构造下一问题的解；

9.　　　　进行信息素全局更新；

　　　end

　　end

图 4.4　工艺路线决策算法步骤

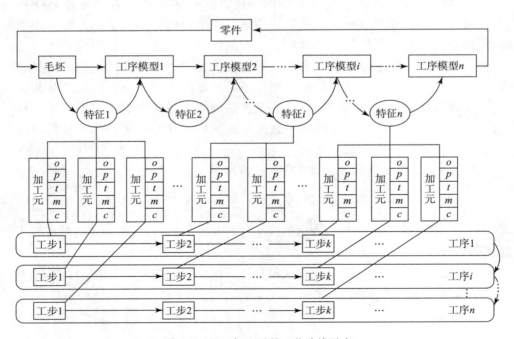

图 4.5　基于加工元的工艺路线示意

4.3　基于特征的工序模型生成技术

工序模型是指产品从原材料形态到最终成品的过程中反映零件模型加工工序所对应的模型状态。工序模型形象地表达了零件在生产制造过程中各工序的变化。

工序模型一般可以通过正向和逆向两种方法生成。工序模型正向生成法是从铸造模型向设计模型通过"减材料"的方式生成工序模型的方法，该方法适用于设计特征与制造特征之间不具备特定映射关系的产品结构，需要采用特征建模技术。工序模型逆向生成法是指由设计模型向铸造模型通过"增材料"的方式生成工序模型的方法。工序模型逆向生成法适用于设计特征与制造特征具有明确映射关系的情形，通过抑制或删除设计特征达到抑制制造特征的目的。

1）正向生成方法

工序模型正向生成方法是由工艺信息转化为建模信息后，利用特征建模技术，选择与制造特征相对应的用户自定义特征，并完成用户自定义特征的相关特征参数设置。对上一步工序模型与用户自定义特征作布尔差运算后得到本道工序模型，并在工序模型上三维标注工序的工艺要求信息，工序模型的正向生成过程如图4.6所示。

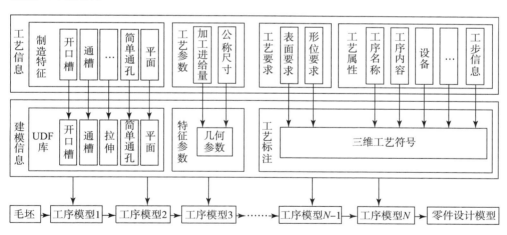

图 4.6　工序模型的正向生成过程

工序模型的正向生成过程可以分为两个阶段：

（1）工艺信息整理阶段。

提取在三维工艺设计中生成的各个工序的工艺信息，包括加工方法、工艺参数、制造特征、工艺属性等。该阶段负责收集、整理这些工艺信息，并形成能被结构化描述的工艺信息模块。

（2）特征建模。

特征建模是利用用户自定义特征（UDF）来构建模型，分为三个阶段：定义制造特征；建立用户自定义特征库；从特征库中调用特征，构造零件模型。

该阶段主要负责将制造特征映射为用户自定义特征，把工艺参数转换为建模参数，将工艺要求映射为三维工艺标注，最终将工艺信息模块转换成几何建模模块。

利用工艺信息转换阶段生成的建模信息修改前一道工序的工序模型，从而生成本道工序的工序模型，并完成工序模型上的三维标注。

其中，工艺参数是约束加工结果的各种参数值，是对加工余量的定量描述。工艺参数包含公称尺寸和公差，映射为几何建模中的特征几何参数。

工艺要求是在工序模型上表达加工精度、基准等工艺约束，映射为几何建模中的工艺符号标注。

2）逆向生成方法

零件设计模型是通过设计特征（DF）构建的，而工序模型由制造特征（MF）组合而成。在构成设计模型的 DF 与形成工序模型的 MF 之间存在明确的几何映射关系的情况下，可以采用逆向生成法生成工序模型，如图 4.7 所示。逆向生成法具有简单、易操作等特性，但其局限性比较大。

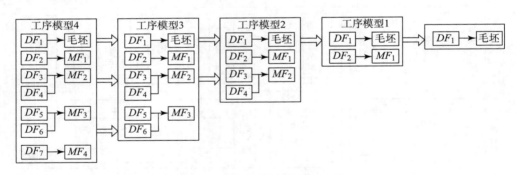

图 4.7　工序模型的逆向生成过程

4.4　三维工艺规划实例

现以图 4.8 所示的箱体零件设计模型为例，说明利用模拟退火蚁群混合算法生成及优化其加工工艺路线的过程。零件为单件小批量生产，材料为灰口铸铁。

首先采用基于图的特征识别方法识别出该箱体零件设计模型中的 9 个制造特

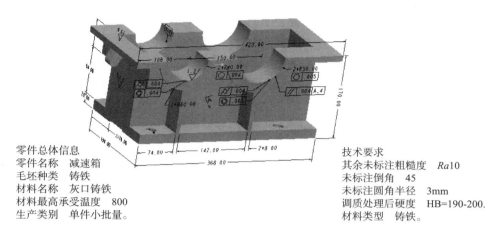

零件总体信息
零件名称　减速箱
毛坯种类　铸铁
材料名称　灰口铸铁
材料最高承受温度　800
生产类别　单件小批量。

技术要求
其余未标注粗糙度　$Ra10$
未标注倒角　45
未标注圆角半径　3mm
调质处理后硬度　HB=190-200.
材料类型　铸铁。

图 4.8　箱体零件设计模型实例

征，这些制造特征为 f_1、f_2、f_3、f_4、f_5、f_6、f_7、f_8、f_9，它们的制造特征类型见表 4.4。

表 4.4　箱体制造特征类型

制造特征	f_1	f_2	f_3	f_4	f_5	f_6	f_7	f_8	f_9
制造特征类型	简单通孔	简单通孔	简单通孔	简单通孔	简单通孔	简单通孔	通槽	平面	平面

　　然后利用特征提取的方式提取制造特征上的非几何信息。根据零件设计模型上制造特征的几何公差、表面质量、材料等加工要求，检索机加方法库，生成制造特征的加工元，见表 4.5。

表 4.5　加工元生成表

制造特征	加工元	制造特征	加工元
f_1	钻f_1 铰f_1	f_6	钻f_6 铰f_6
f_2	精镗f_2	f_7	粗铣f_7 精铣f_7
f_3	钻f_3 扩f_3 铰f_3	f_8	粗铣f_8
f_4	精镗f_4	f_9	粗铣f_9 精铣f_9
f_5	钻f_5 扩f_5 铰f_5	—	—

　　在生成加工元之后，按照精度原则、位置关系原则和定位基准原则，对加工元分组，分组结果见表 4.6。

表 4.6　加工元的分组结果

分组号	加工元	加工阶段	刀具接近方向	定位基准
1	钻f_1 钻f_3 钻f_5 钻f_6 粗铣f_7	粗加工	$-z$	平面1、平面2、平面3
2	粗铣f_8 粗铣f_9		$+z$	平面2、平面3、平面5
3	扩f_3 扩f_5	半精加工	$-z$	平面1、平面2、平面3
4	铰f_1 铰f_3 铰f_5 铰f_6 精铣f_7	精加工	$-z$	平面1、平面2、平面3
5	精铣f_9		$+z$	平面2、平面3、平面5
6	精镗f_2 精镗f_4		$+x$	平面1、平面3、平面5

　　根据制造特征的公差值信息，通过上述工艺规则（包含加工元分组的工艺规则）推理，生成加工元的顺序约束矩阵，如图 4.9 所示。

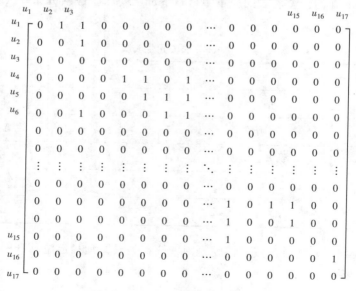

图 4.9　加工元的顺序约束矩阵

在现有机床、刀具和夹具等制造资源能力的约束条件下，满足加工单元的顺序约束关系，采用模拟退火和蚁群算法相结合的混合算法，对上述零件的加工工艺路线进行设计和优化，得出目标函数的最优值为10，其中装夹次数为4，刀具变换次数为4，机床变换次数为2，对应的最优工艺路线为：钻f_1－钻f_5－钻f_3－钻f_6－扩f_5－扩f_3－铰f_1－铰f_5－铰f_3－铰f_6－粗铣f_8－粗铣f_7－精铣f_7－粗铣f_9－精铣f_9－精镗f_4－精镗f_2。

按照工艺原则和最优工艺路线中加工元的顺序，并且考虑制造资源能力，生成图4.8中箱体零件的工序，工序所包含的加工元见表4.7。

表4.7 工序与加工元的关系

工序号	工序名	工序包含的加工元
10	加工箱底孔	钻f_1、钻f_5、钻f_3、钻f_6、扩f_5、扩f_3、铰f_1、铰f_5、铰f_3、铰f_6
20	加工箱底槽和面	粗铣f_8、粗铣f_7、精铣f_7
30	加工箱体连接面	粗铣f_9、精铣f_9
40	加工轴承孔	精镗f_4、精镗f_2

采用工序模型正向生成方法，生成箱体各个工序对应的工序几何模型，如图4.10所示。

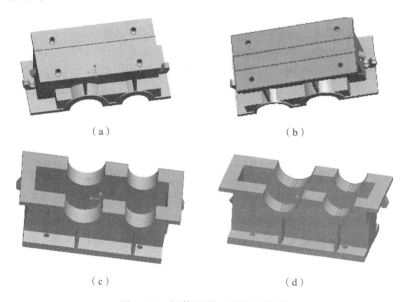

（a） （b）

（c） （d）

图4.10 箱体零件工序几何模型
（a）工序10加工箱底孔；（b）工序20加工箱底槽和面；
（c）工序30加工箱体连接面；（d）工序40加工轴承孔

第五章

工装设计

5.1 引 言

工艺装备（简称工装）是产品制造中必不可少的技术设备，在零件的机械加工、检验、装配及焊接等许多加工过程中，工装都起着重要的作用。它用来保证零部件在加工、装配和检测过程中处于正确的相对位置，从而保证产品零件的加工精度和部件的装配精度。因此工艺装备的准备是生产准备中的重要环节。

根据有关资料统计，以我国现有的工业水平，生产准备周期一般要占整个产品研制周期的 50%～70%，而工艺装备的设计制造等准备周期又占生产准备周期的 50%～70%，其中工艺装备的准备阶段中 70%～80% 的时间被用于工装的设计和制造。所以工装的设计与制造对于产品的开发周期、产品上市的时间有重大的影响。

工装包括刀具、夹具、辅具、模具、量具等，其准备过程从技术上讲类似，在此以专用夹具设计过程为例进行说明。夹具的准备包括夹具设计和夹具实物准备。本章主要讨论夹具准备中的夹具设计工作，在第六章介绍工装的实物准备，包括工装制造、存储和使用。一般而言，从小的方面说夹具设计是在零件的加工工艺确定后，对每个工步进行夹具设计，以满足该工步加工对夹具的需求；从大的方面说夹具设计应该和零件加工工艺设计交互并行，因为不同种类的工装使用对工艺设计过程有一定的影响。在此情况下的夹具设计流程如图 5.1 所示。夹具按照使用场合分可分为机械加工夹具、装配夹具、钣金夹具、焊接夹具等。本章主要讨论机械加工夹具的设计过程。

夹具设计过程包括夹具方案设计、详细设计和设计性能校验。夹具方案设计（夹具布局规划）包括夹具体选择和零件在夹具中的布局。夹具详细设计主要考虑相似零件族的实践设计经验，生成夹具元件及其布局。设计性能校验主要是对夹具的设计进行验证，从精度、稳定性等方面检验夹具设计是否满足工序使用要求。

5.2 三维设计制造集成环境下的夹具设计模式

目前，我国部分制造企业已经采用了基于模型定义的技术，实现了产品设计的全三维信息建模。但是，生产准备的全三维的工艺和工装设计仍然处于研究与探索阶段。因此，夹具的设计工作还是以二维的工艺规划图纸为主要依据，辅助

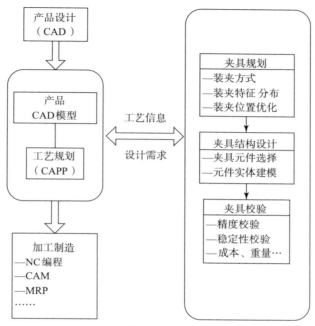

图 5.1　数字化夹具设计流程

相关文档知识，在三维环境下进行夹具的设计。在这种情况下不能有效利用产品和工艺的三维信息，还需要三维信息的二次输入。目前的夹具设计模式如图 5.2 所示。在工艺部门的工艺规划过程中，设计人员根据现有制造资源进行工艺规划，生成二维的工序和工步要求，其中对工件的定位面、夹紧面和加工特征等进行了描述。经过工艺审签以后，分发至夹具设计部门。夹具设计人员针对具体的夹具设计要求（定位基准、加工特征、加工参数、机床和刀具等），根据已有经验或者查找以前的相似设计实例，构建夹具规划方案。基于设计方案以及工艺要

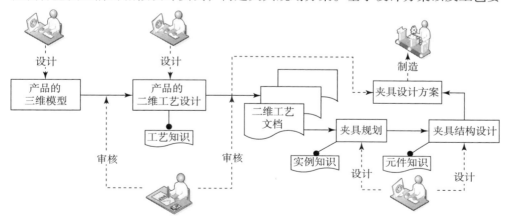

图 5.2　现有的夹具设计模式

求，计算夹具元件的关键参数，根据元件手册选择夹具元件。在三维环境下创建夹具元件的实体模型，并与工件建立装配约束，生成夹具的详细设计方案。

在全三维设计制造环境下，夹具设计和知识重用模式都发生了根本的变化。为了实现工艺和夹具并行协同设计，在三维工艺规划过程中，需要基于夹具进行零件的装夹规划，以辅助三维工艺规划过程。经过三维工艺规划，生成各种工序中间模型，以及相关的工艺参数标注。夹具设计人员可以直接基于工序的三维模型进行夹具的规划设计。在三维工艺审签后，夹具设计人员可以在已经产生的规划设计的基础上，进行详细的夹具结构设计。

在夹具的设计过程中，经验知识的应用至关重要。在全三维设计制造集成环境下，夹具设计知识的运用较之前的模式发生了重大变化，比如与装夹规划相关的工艺知识和制造资源知识、与夹具规划设计相关的夹具实例知识、与夹具结构详细设计相关的夹具元件知识都要融合到相应的全三维工艺和工装设计中去。需要将这些知识嵌入全三维的夹具设计任务中，以使装夹规划的工艺知识、制造资源知识能够被推送到夹具的装夹规划和工艺规划中。在夹具的设计过程中记录夹具设计知识和信息，生成夹具设计实例，为夹具实例的检索与重用提供基础数据。将夹具元件的参数信息和实体模型信息封装为知识，为夹具元件的规格确定、实体模型的自动创建和夹具元件的自动装配等夹具结构设计任务提供元件知识支持。最终，实现基于三维模型的装夹规划、夹具的实例重用和夹具元件的快速设计。三维设计制造集成环境下基于知识重用的夹具设计模式如图 5.3 所示。

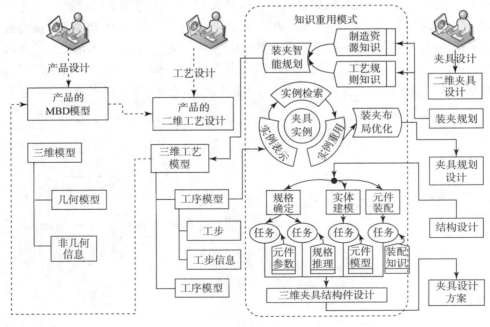

图 5.3　三维设计制造集成环境下基于知识重用的夹具设计模式

5.3 夹具布局规划

夹具布局规划是夹具设计过程中最活跃、对设计结果有决定性影响的过程。夹具规划设计是根据待加工工件的几何形状和加工工艺信息，确定工件的定位形式、工件表面上的定位、夹紧点的个数和位置。夹具规划设计是数字化夹具设计中的关键部分，研究重点侧重于确定工件的装夹方式及定位、夹紧点的布局等。

夹具的规划设计是一个设计重用和创新的过程。设计者根据以往的经验知识构思夹具规划方案及相关的装夹信息，同时评估夹具规划方案是否满足装夹的功能要求和装夹的约束条件（稳定性、变形要求等）。这些夹具规划知识往往来自以往成熟的夹具设计实例、设计经验公式和各种参数数据等。通过这些知识的表示、推理和重用来支撑夹具的规划设计。在进行夹具规划设计之前，首先根据装夹规划的结果，进行夹具规划需求的定义，明确工件需要加工的特征集合及其基准和加工约束条件等。然后，根据工件的装夹要求进行夹具的布局规划。夹具的布局规划主要确定装夹方式及具体的装夹特征，如工件的定位和夹紧点的位置、装夹力的方向及大小等。设计出的夹具规划结果需要满足相关的约束要求，并选择相应的目标函数，对夹具规划进行优化，以获得较优的规划结果。比如：以薄壁工件的加工变形误差最小为目标，对夹具元件的位置和装夹力进行优化，获得满足装夹要求的、较为合理的夹具规划方案。

5.3.1 夹具布局规划建模

1. 夹具规划设计的需求信息模型

通过工艺规划可生成以中间工序模型为数据基础的三维工序模型与工步规划。在工步规划的中间工序模型上按照生产要求，标注该工序加工的相关信息，如加工基准，加工特征及其尺寸精度、定位基准、装夹表面等。这些信息表明了工步对工件的装夹要求，可以作为夹具规划设计的生产需求信息。此外夹具设计时还应考虑装夹精度、可达性和装夹稳定性等装夹信息。这两部分合起来构成了夹具规划的需求信息，并可通过夹具规划信息模型来表示。另外，经过夹具规划的设计，获得以夹具规划信息表示的夹具规划方案。它主要通过装夹特征信息来表征，包括装夹的方式、定位特征、夹紧特征、辅助装夹特征等。如果夹具规划方案满足工艺规划需求信息，那么就可以形成夹具规划方案。夹具规划方案可用夹具规划信息模型（Fixture Planning Information Model，FPIM）来描述，它包括装夹方式、装夹特征和加工特征的信息集合。具体描述为：

$$FPIM = \left\{ F_{Sty}, \ \bigcup_{i=1}^{n} F_i^{Fea} \right\} \tag{5-1}$$

其中，F_{Sty} 为装夹方式，包括三个平面定位、"两孔一面"方式等；F_i^{Fea} 为装夹特征，主要包括定位特征、夹紧特征、支撑特征等；定位特征是与工件定位有关的具有特定语义的信息集合；夹紧特征是与夹紧有关的具有特定语义的信息集合。

装夹特征信息描述如下式：

$$F^{Fea} = \left\{ F_{Type}^{Fea}, \ F_{Face}^{Fea}, \ P_{FFea}, \ D_{FFea}, \ F_{FFea} \right\} \tag{5-2}$$

其中，F_{Type}^{Fea} 为装夹特征类型；F_{Face}^{Fea} 为装夹特征面；其表现形式主要为平面、外圆柱和孔等特征面；P_{FFea} 表示装夹特征的位置；D_{FFea} 为装夹特征的方向；F_{FFea} 为所需的装夹力。

2. 夹具元件模型

在夹具设计中，应尽可能多地使用标准夹具元件以减少夹具制造时间和降低制造成本。因为夹具功能元件（定位/夹紧/辅助支撑元件）直接与工件接触，易磨损，所以这样的元件应使用硬度较高的材料来制作，且容易更换。因此，定位/夹紧元件通常是标准尺寸，在国标 GB/T 2804 - 2008 中等标准化，并且一定尺寸的夹具元件已经在夹具设计制造的专业厂家系列化生产，可通过商业途径获得。因此在夹具设计过程中需要构建一套标准夹具元件模型，以便进行元件选择和参数驱动，从而获得所需要的夹具元件的几何模型。

一个标准夹具元件可以用其类型、功能表面和尺寸参数来表征。通过构建夹具元件模型（Fixture Element Information Model，FEIM）来描述这些信息。这些信息也是选择标准夹具元件时所需的检索信息。图 5.4 所示为一些标准的定位元件和夹紧机构的示例。其中夹具元件类型信息用来确定在夹具设计中元件的检索选用。

$$FEIM = \left\{ F_{id}, \ F_{func\_type}, \ F_{geo\_type}, \ F_{assm}, \ F_{dim}, \ F_{material} \right\} \tag{5-3}$$

其中，F_{id} 为元件代号；F_{func_type} 为元件功能类型，包括定位、夹紧辅助支撑等；F_{geo_type} 为元件的几何类型，如圆形定位钉、菱形定位销等；F_{assm} 为元件装配特征信息，如功能表面、作用点、配合表面等；F_{dim} 为元件的几何尺寸和相应的精度信息，其中的元件的尺寸分为主要设计尺寸和形状尺寸，主要设计尺寸决定了主要尺寸、作用高度和/或者一个夹具元件的主要设计尺寸，例如图 5.4 中圆形定位钉的直径和矩形支撑板的长、宽和高度方向尺寸就是主要设计尺寸；$F_{material}$ 为元件的材料特性信息。

夹具元件上用来定位或夹紧工件的表面定义为功能表面，而相关作用点定义为接触点；与装夹支撑块接触的表面定义为支撑面，相关点定义为支撑点。例如，在图 5.5（a）中，高亮的顶面是接触面而其中心点 PNT1 是接触点；同样在图 5.5（b）中，高亮的表面是支撑面而其中点是支撑点。

一个元件的功能表面可以定义如下：

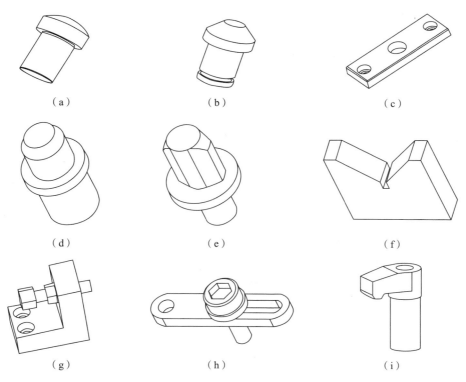

图 5.4 标准定位/夹紧元件示例

（a）圆形定位钉；（b）平面定位钉；（c）矩形支撑板；（d）圆销；（e）菱形销；

（f）V 型块；（g）螺旋夹板；（h）可调压板；（i）钩形压板

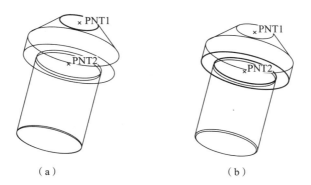

图 5.5 圆形支撑销上的作用面/点

（a）接触面/点；（b）支撑面/点

$$F_{assm} = \{ Surface\_Id,\ Surface\_Type,\ \vec{n},\ Point\_Id,\ Point\_Type,$$

$$If\_ct\_above\_spted,\ Surface\_Prop\}$$

$$(5-4)$$

其中，*Surface_Id* 是一个表示功能面 ID 号的整数；*Surface_Type* 是功能面的作用类型，其可能是接触或支撑；$\vec{n}$ 是功能面的法线方向；*Point_Id* 是一个表示功能点 ID 号的整数；*Point_Type* 是作用点的类型，可能作用于平面、圆柱面、球面、圆柱轴、孔轴线或槽；*If_ct_above_spted* 表示接触面与支撑面之间的相对位置关系，其可以是 +1 或 −1；*Surface_Prop* 表示定位面的表面粗糙度。

特别的，标准元件库中的定位和夹紧元件都是由元件族组成的（也被称为表驱动元件或实例）。元件族是一组具有不同尺寸或细节特征，有细微不同的相似元件。每个族都有一个基本型，该族的所有实例都与之相似。面向对象的类、继承和成组技术等概念都可以用在这里，这样能够高效率地检索大量标准元件。图 5.6 所示是一个标有尺寸名称的基本模型。各个尺寸如下所示：

$$F_{\text{dim}} = \{dim\_name, \ dim\_type, \ func\_type, \ famtab\_attribute,$$
$$default\_value, \ min\_value, \ max\_value\} \tag{5-5}$$

其中，*dim_type* 是尺寸类型，其可以是直径、半径、长度或角度；*func_type* 可以是主要设计尺寸、作用高度、支撑连接尺寸或接触高度；*famtab_attribute* 表示尺寸是否是从族列表中获得的，其值可能是 1 或 0。

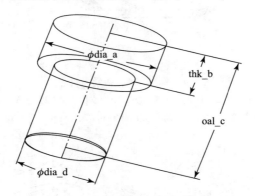

图 5.6　支撑销的基本模型

3. 夹具组件模型

夹具组件是由夹具元件和相应的元件支撑板/块或支撑机构所组成的完成预定的定位或夹紧、辅助支撑功能的元件组合，图 5.7 所示为由 4 个零件组合构成的 T 型螺栓压板组件。夹具组件在夹具设计过程中被大量采用，其减少了元件的数量、方便了夹具的设计。

结合标准夹具元件的模型，也可以建立夹具组件模型（Fixture Components Information Model，FCIM），相应的也可以用其类型、功能表面、尺寸参数、组成零件来表征。这些信息也是选择夹具组件和组件装配时所需的检索信息：

$$FCIM = \{F_{id}, \ F_{func\_type}, \ F_{geo\_type}, \ F_{assm}, \ F_{dim}, \ F_{FEIM}\} \tag{5-6}$$

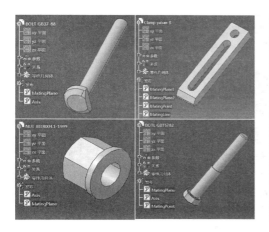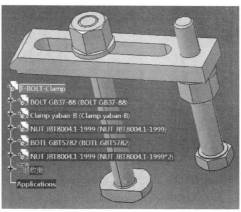

图 5.7 可参数化的压板组件模型

其中，F_{id} 为组件代号；F_{func_type} 为组件的功能类型，包括夹紧组件、辅助支撑组件等；F_{geo_type} 为组件的几何类型，如侧面夹紧、顶面夹紧等；F_{assm} 为组件和工装体的装配特征信息，如功能表面、作用点、配合表面等，以及组件内部的装配特征；F_{dim} 为组件的几何尺寸和相应的精度信息；F_{FEIM} 为组件所包括的元件模型。

5.3.2 基于实例的夹具方案设计

基于实例的推理技术是一种非常有效的设计知识重用方法。它是基于类似的工件都会有类似的夹具规划解决方案这一认识，通过借鉴以往的设计案例来创建新的解决方案。实践表明，通过以前类似问题获得解决方案比从头开始生成整个解决方案往往更有效。

1. 基于语义的夹具设计实例重用设计方法

在夹具的规划过程中，夹具规划的知识主要通过以往的夹具设计实例来表示。这种以三维设计文档表征的知识形式不利于其内部蕴含的规划信息的获取。夹具规划的设计要求与规划方案都存储在三维实体模型文档中，如何将相关的信息提取出来，确定这个夹具设计方案的概念及详细属性信息是夹具设计实例重用的关键环节。在现有的设计知识表示和重用方法中，本体技术是一个理想的选择。因为本体不仅有功能强大的知识表达能力，同时也有很好的语义理解能力。因此，采用本体技术对夹具实例知识进行实例的本体建模，从夹具设计实例中提取相关信息生成实例的本体模型。同时对已有成熟的设计实例进行语义标注，通过夹具设计实例的语义检索来获取相似的夹具设计实例，将相似实例的夹具规划结果映射到新的夹具规划设计中，对其规划方案进行调整，形成合理的装夹规划结果，实现夹具规划设计知识的有效重用。基于语义的夹具实例规划方法如图 5.8 所示。

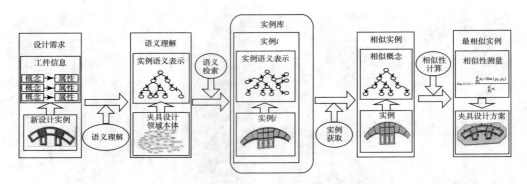

图5.8　基于语义的夹具实例规划方法

通过对夹具规划设计领域的概念、关系和属性等信息进行分析，可构建夹具设计实例的本体模型。当设计者收到新的工件的设计需要时，能够获取夹具设计要求和工件的相关信息。这些信息正是夹具规划设计实例的一部分语义信息。根据新工件提供的信息，将这些相关信息映射为夹具设计实例的语义信息。在基于实例的推理过程中，基于新工件的实例语义信息进行夹具设计实例之间的相关性和相似性的比较，通过夹具实例的语义相似度计算，可以在夹具设计实例库中获得相似的夹具规划设计方案。在夹具规划方案重用到新的设计方案时，需要按照夹具设计功能的要求和各种装夹约束条件，对所选择的规划设计案例进行适当的修改，以满足新的工件的夹具设计需求。针对具体的约束条件，可以对夹具规划方案进行优化，对夹具的布局规划进行位置和装夹力的调整，使夹具规划方案获得更好的装夹性能。

2. 基于夹具实例的语义检索方法

1）夹具规划设计领域的知识

夹具设计实例是夹具规划相关知识的主要表现形式。夹具设计实例本体是一个分层结构的概念集，用来描述夹具规划设计领域的知识。夹具规划设计领域本体包含相关概念、概念的关系、属性、功能和公理、逻辑规则和实例等。夹具设计实例可以定义如下：

定义1　夹具实例本体可以抽象为二元组：

$$FCO::= \{WP, FS\} \qquad (5-7)$$

其中，FCO 表示夹具实例本体，WP 描述夹具方案的工件信息，FS 表示夹具的设计方案。

定义2　工件本体可以抽象为三元组：

$$W::= \{WI, PI, FP\} \qquad (5-8)$$

其中，WI 表示工件信息，PI 描述工件的工艺信息，FP 表示夹具规划信息。

C^{WI} = ｛工件类型，工件尺寸，工件材料，加工批量｝

A^C（工件类型）= ｛框，梁，接头，肋板，…｝

C^{WS} = {工件长度，工件宽度，工件高度}

A^C(工件长度) = {mm}

A^C(工件材料) = {钛合金，铝合金，镁合金，⋯}

C^{PI} = {加工方法，加工特征，精度，⋯}

A^C(加工方法) = {车削，铣削，钻，铇，磨，镗，⋯}

A^C(加工特征) = {面，外围，内孔，台阶面，型腔，槽，⋯}

A^C(精度) = {粗加工，半精加工，精加工}

C^{FP} = {定位模式，夹紧模式，支撑模式，定位特征，夹紧特征，支撑特征，⋯}

A^C(定位模式) = {三面定位，一面两孔，一面一孔，⋯}

A^C(夹紧模式) = {端面夹紧，侧面夹紧，斜面夹紧，⋯}

A^C(支撑模式) = {水平支撑，垂直支撑}

A^C(定位特征,夹紧特征,支撑特征) = {点，线，面}

夹具实例的本体模型的定义是在与企业相关的夹具设计专家进行交流以后确定的。夹具设计实例的部分本体模型如图 5.9 所示。夹具设计实例本体的关系见表 5.1。相关的缩写为图 5.9 中概念的缩写，如 WS 为工件尺寸。

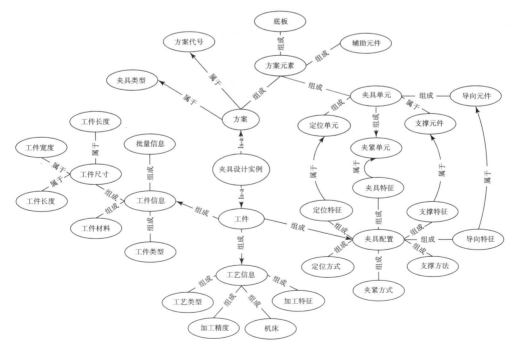

图 5.9 夹具设计实例的部分本体模型

表 5.1　本体关系分类

关系	概念	关系定义	实例
Is – a	$Case$；$Case – c$	父子关系或者特殊与一般的关系	Is – a（$Case$；$Case – c$）
Part – of	W，WI	部分与整体的关系	Part – of（W，WI）
Property – of	WS，$WS – WL$	属性关系	Property – of（WS，$WS – WL$）
Kind – of	LF，LU	概念与实例的关系	Instance – of（LF，LU）

2）夹具实例的语义信息的定义与表示

夹具设计实例是一个设计问题与解决方案的组合体。它封装了设计要求（问题部分）和设计方案（解决方案部分）。夹具实例的本体模型是将夹具实例相关的概念抽象为不同层次结构的概念集合，然后通过语义关系与夹具设计实例进行耦合，形成一个夹具实例的树状语义结构。最抽象的概念设定在树型结构的顶部。具体的概念及属性分布在树型结构的底部。这种结构作为夹具设计实例语义信息的数据结构，每个低层的属性都对应一种类型的数据。在具体的夹具实例中，通过对相关的具体属性进行赋值，对成熟的夹具设计实例进行语义标注，实现夹具设计知识的获取与管理。由于定义的夹具实例语义模型的数据结构为混合结构，为了便于知识的表示和重用，选择 XML 作为夹具实例语义信息的表达和存储方式。具体的夹具设计实例的语义信息表示如图 5.10 所示。

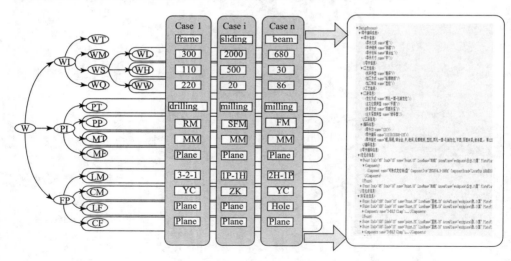

图 5.10　夹具设计实例的语义信息表示

3）夹具实例的语义相似性计算方法

夹具设计实例知识获取的目的是将已有的夹具设计经验通过夹具实例的语义信息进行表示，通过相似实例的夹具规划方案来引导和支撑新夹具的规划设计。基于语义的夹具实例规划设计方法是在原有的成熟的实例库的基础上，对典型夹具的规划设计过程中的规划过程进行夹具实例的语义标注，建立含有语义信息的夹具实例库。当需要进行新的夹具规划设计时，能够发现与该设计的要求和设计过程信息相似的夹具设计实例，从相似的夹具设计实例提取夹具的规划方案。由此可见，夹具设计实例的相似性评价是设计者进行夹具规划设计知识重用的关键。高效、准确的夹具设计实例的检索基于夹具实例推理技术的重要环节。基于语义的夹具实例推理技术是根据夹具实例的语义信息，进行夹具实例的语义相似性计算，获得语义相似度高的相关联的夹具设计实例。

夹具设计实例的语义相似性评价包括如下过程：首先，将工件的夹具设计的意图和需求转化为夹具实例的本体概念和属性；然后，对夹具实例的概念相似性和夹具实例属性之间的语义相似度进行测量；最后，获得与当前设计任务的设计要求和设计过程相近的夹具规划设计方案（装夹方式、装夹特征等）。

语义相似度测量是在各种人工智能（Article Inteligental，AI）和自然语言处理（Nature Language Process，NLP）的相关应用领域中经常遇到的问题[29]。相似性的评估是基于节点和边的语义描述进行数值度量的一种评价方式。因此，夹具实例的相似度函数定义如下：

$$Sim_{(C',C)} = C' \times C \rightarrow [0, 1] \qquad (5-9)$$

其中，C' 表示需要夹具规划设计的目标实例语义信息，C 是夹具实例库中一个实例的语义标注信息。

新的夹具规划设计实例 $C' = [c_1', c_2', c_3', \cdots, c_i', \cdots, c_n']$ 与夹具实例库中的具体实例 $C = [c_1, c_2, c_3, \cdots, c_i, \cdots, c_n]$ 的语义相似度通过夹具设计实例本体的概念和属性的相似性进行计算。

$$Sim(c_i', c_i) = \begin{cases} 1 & C' = C \text{ and } A^{C'} = A^{C} \\ Sim(c_i', c_i) & otherwise \end{cases} \qquad (5-10)$$

在通常情况下，语义相似性测量方法有三种：边缘计数的方法（Edge Counting approaches，EC）、基于信息内容的方法（Information Content approaches，IC）[30]和基于特征的方法（Feature – Based Approaches，FBA）[31]。

边缘计数的方法是根据连接两个概念相对深度的最小路径长度来计算概念的相似性，但是，边缘计数的方法只考虑概念对之间的最短路径。当它们被应用到包含多个分类的继承关系的具体领域本体时，其结果是不准确的。

基于信息内容（IC）的语义相似性比较依赖这两个概念之间共享信息的内容并以之作为概念的相似性，这个过程通常是手工完成的，以确保该标记的正确性，但它妨碍了这种方法的可扩展性和适用性。此外，无论是分类还是语义库的变化，都需要对受影响的概念执行递归重新计算。因此，手动执行语义库和耗时的分析所产生的概率将取决于输入语义库的大小和性质。所有这些方面限制了这些方法的可扩展性和适用性[32]。

基于特征的方法克服了基于路径的相似性测量的方法的缺陷，基于特征的相似性测量是通过本体中概念特征之间的重叠度来表征概念的相似性，基于特征的方法适合通用的、有隐含信息的、具有交叉信息的本体相似性测量。夹具设计实例的本体模型的特点符合基于特征的语义相似性测量方法。本书采用基于特征的语义相似性测量方法来表征夹具实例的语义相似性。

4）基于特征的语义相似性测量方法

基于特征的本体评估方法通过概念相似性和属性相似性两个阶段的测量来评价概念之间的相似性。第一阶段检索是实例本体 C 和 C' 的结构相似性度量，通过它可以获取相关的夹具设计实例。第二阶段检索是实例本体 C 和 C' 相同概念的属性数值相似性度量，它可以通过具体的数值来表征夹具规划实例之间的相似程度。

（1）结构相似性测量。

结构相似性的测量源于集合理论，主要考虑需要比较的夹具设计实例的概念集合中的共同和不同特征。

$$Sim_s(C',C) = \frac{|C \cap C'|}{|C \cap C'| + \partial(C,C') \times |C/C'| + (1 - \partial(C,C')) \times |C'/C|}$$

$$(5-11)$$

其中，C，C' 需要评价的夹具概念集合，C/C' 是表示概念集在夹具语义集 C 中，但是不在实例 C' 中的情况；C'/C 是表示概念集在夹具语义集 C' 中，但是不在实例概念集 C 中的情况；$\partial(C, C')$ 是用来计算一个具体概念分别在语义集合 C 和 C' 中的深度的一个函数。

$$\partial(C', C) = \begin{cases} \dfrac{depth(C)}{depth(C) + depth(C')} & depth(C) \leqslant depth(C') \\ 1 - \dfrac{depth(C)}{depth(C) + depth(C')} & depth(C) \geqslant depth(C') \end{cases} \quad (5-12)$$

（2）数值相似性测量。

结构相似性测量是在抽象的层面对夹具实例的语义信息进行定性的检索，返回的结果是一组概念相似的夹具设计实例。第二个阶段检索——数值相似性测量，是定量地确定夹具实例之间语义的具体相似性程度，通过数值的计算获得最相似的夹具设计实例。在夹具设计领域本体中，不同属性的数值形式可以分为三种类型：简单的数值、术语值和模糊数值。评价过程是对不同的数值类型分别进行相似度测量，然后通过各个概念在夹具设计实例本体中形成加权最近邻匹配函数（Weighted Nearest Neighbor Matching Function，WNNMF）来进行夹具实例的全局相似性测量。

①简单数值相似性测量。

假如 c' 是目标夹具实例中一个数值型属性，而 c 是实例库中具体实例的一个数值型属性，则数值型相似性表示为：

$$Sim_{P,N}(p_c, p_{c'}) = 1 - \frac{|p_{c'} - p_c|}{Max(p_{c'}, p_c)} \quad (5-13)$$

其中，$Sim_{P,N}(p_c, p_{c'})$ 表示简单数值的相似性评价结果，$Max(p_{c'}, p_c)$ 是两个

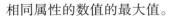

相同属性的数值的最大值。

②术语型相似性测量。

假如 c' 表示目标夹具设计实例语义概念的术语属性，c 表示已有实例中相应的术语属性，则术语型的相似性可以表示为：

$$Sim_{P,T}(p_{c'},\ p_c) = \begin{cases} 1 & p_{c'} = p_c \\ 0 & p_{c'} \neq p_c \end{cases} \qquad (5-14)$$

其中，$Sim_{P,T}(c',\ c)$ 是术语型属性的相似性评价。

③模糊型数值相似性测量。

在许多情况下，设计人员提供了一些模糊的数值，它们由目标属性值 c' 和关系式（$\leq$，$<$，$>$，$\geq$）组成。对于模糊数值采用隶属函数来测量模糊数值的相似性，经常用到的隶属函数有三角形函数、梯形函数和高斯函数等[33]。

本书采用三角形函数来测量模糊数值的相似性。三角形隶属度函数的公式表示如下：

$$Sim_{P,F}(p_c) = \begin{cases} \dfrac{p_c - \min(f)}{p_{c'} - \min(f)} & \forall p_c \in \left[\min(f),\ p_{c'}\right) \\ 1 \quad p_c = p_{c'} \\ \dfrac{\max(f) - p_c}{\max(f) - p_{c'}} & \forall p_c \in (p_{c'},\ \max(f)] \\ 0 \quad others \end{cases} \qquad (5-15)$$

其中，$Sim_{P,F}(p_c)$ 是一个模糊性数值的数值表示；$\min(f)$ 和 $\max(f)$ 表示实例库中该模糊性数值在领域内的最大和最小范围值；P_c 是目标夹具设计实例的模糊数值的目标值；P_c 是已有夹具实例相同特征的真实数值。

④全局相似性评价。

夹具实例的全局数值相似性测量是通过各个不同属性以及该属性在实例本体中的语义关要度作为加权最近邻匹配函数。具体的全局数值相似性评价公式表示为：

$$\begin{aligned} Sim_P(C',C) &= \frac{\sum\limits_{i=1}^{s} w_i \times Sim(p_{c'},p_c)}{\sum\limits_{i=1}^{s} w_i} \\ &= \frac{\sum\limits_{i=1}^{e} w_i \times Sim_{P,N}(p_{c'},p_c)}{\sum\limits_{i=1}^{e} w_i} + \frac{\sum\limits_{i=1}^{j} w_i \times Sim_{P,T}(p_{c'},p_c)}{\sum\limits_{i=1}^{j} w_i} \\ &\quad + \frac{\sum\limits_{i=1}^{s} w_i \times Sim_{P,F}(p_{c'},p_c)}{\sum\limits_{i=1}^{s} w_i} \end{aligned} \qquad (5-16)$$

其中，w_i 表示该概念在夹具实例本体模型中的重要程度，以它作为属性值的语义权重值；C 表示夹具实例所有的概念集合；c'_i 为目标实例相关概念及属性的具体数值；$Sim_{P,N}(p_{c'}, p_c)$ 表示简单数值相似性评测值；$Sim_{P,T}(p_{c'}, p_c)$ 是术语型属性的相似性数值测量值；$Sim_{P,F}(p_{c'}, p_c)$ 表示模糊型数值的相似性评价结果。

$$w_i = \frac{Depth - node(p_{c'}, p_c)}{1 + 2 + \cdots + s} \qquad (5-17)$$

其中，s 描述夹具实例本体相同概念的总数，$node(p_{c'}, p_c)$ 表示该概念所在本体模型中的序号。

5) 夹具实例的相似性测量算法

算法 1 描述了针对给定的夹具实例本体的结构相似性进行计算的详细步骤。第 2 ~ 3 行代表 C 和 C' 在本体层次结构中的概念的深度计算函数。第 4 ~ 15 行描述了根据相关概念相似性关系进行结构相似性计算的过程。算法 1 输出的结果是两个夹具实例语义相似性的值，表示它们之间的相似性，见表 5.2。

表 5.2　算法 1：结构相似性测量

输入：C', C, Ontology of fixture design domain;
输出：$Sim_s (C, C')$;
步骤：
1. Acquire the concept vector $C' = [c'_1, c'_2, c'_3, \cdots, c'_i]$ and $C = [c_1, c_2, c_3, \cdots, c_i, \cdots, c_n]$;
2. C'. length = m, C. length = n, $k = 0$;
3. $\partial (C, C')$;
4. For$i = 1$ to m do
5. 　　For$j = 1$ to n do
6. 　　　　If $Sim (c'_j, c_i) = 1$
7. 　　　　　　$common. count = k + 1$; $subBoolean$ = False;
8. 　　　　Else
9. 　　　　　　$j ++$;
10. 　　　　　If $j = n$ and $subBoolean$ = True then
11. 　　　　　$unSub. count = +1$;
12. 　　　　　End if
13. 　　　　　$subBoolean$ = True;
14. 　　　End if
15. 　　End for
16. 　　$i ++$;
17. 　End for
18. $unSub = m + n - 2 * com - unSub. count$
19. $Sim_s (C, C') = \dfrac{common. count}{common. count + \partial * sub. count + (1 - \partial) * unsub. count}$

算法 2 给出了数值型相似性测量的详细步骤，第 2 ~ 5 行为夹具实例语义概念的赋值和具体概念的权重。第 6 ~ 7 行描述了简单数值型相似性的计算过程。
第 8 ~ 9 行是术语型属性的相似性测量。第 10 ~ 15 行描述了模糊数值型相似性的
计算过程。最终，根据夹具实例本体中的相关数值及权重的计算获得夹具实例的
数值相似性度量值，见表 5.3。

表 5.3　算法 2：数值相似性测量

输入：$p_{c'}[c'_1, c'_2, c'_3 \cdots c'_s]$，$p_{c'}[c_1, c_2, c_3 \cdots c_s]$

输出：$Sim_P(C, C')$

步骤：

1. Acquire the propertys vector $p_{c'}[c'_1, c'_2, c'_3 \cdots c'_s]$

2. $Com - length = s$

3. For $i = 1$ to s do

4. $\qquad w_i = \dfrac{node(c_i)}{1 + 2 + \cdots + s};$

5. $\qquad$ Swith case $p_{c'}$. type

6. $\qquad$ Case number

7. $\qquad\qquad AbsValue = |p_{c'} - p_c|$; $maxValue = \text{Max}(p_{c'}, p_c)$;

$\qquad\qquad Sim_P(i) = 1 - AbsValue / maxValue$;

8. $\qquad$ Case Term

9. $\qquad\qquad$ If $p_{c'} = p_c$ then $Sim_P(i) = 1$; else $Sim_P(i) = 0$; end if

10. $\qquad$ Case fuzzy

11. $\qquad\qquad$ Minpf $= \min(f)$; Maxpf $= \max(f)$;

12. $\qquad\qquad$ If $\min(f) < p_c < p_{c'}$ then $Sim_P(i) = p_c - \min(f) / p'_c - \min(f)$;

13. $\qquad\qquad$ Else $p_{c'} = p_c$ then $Sim_P(i) = 1$;

14. $\qquad\qquad$ Else $p_{c'} < p_c \leqslant Max(f)$ then $Sim_P(i) = \max(f) - p_c / \max(f) - p'_c$;

15. $\qquad\qquad$ Else if $Sim_P(i) = 0$; end if

16. $\qquad$ End switch

17. $\qquad$ $i ++$;

18. End for

19. $Sim_P(C', C) = \dfrac{w_1 \times Sim_P(1) + w_2 \times Sim_P(2) + \cdots + w_s Sim_P(s)}{w_1 + w_2 + \cdots + w_s}$

设计者开始进行工件的夹具规划设计时，可以获得工件的相关工艺信息，在
具体夹具规划信息未知的条件下，设计师根据工件的装夹要求和工件信息可以对
工件进行语义描述。通过目标工件的信息与夹具实例库中的语义信息集合进行相
似性测量。概念型相似性测量是将具有相同概念结构的夹具实例的语义标注信息
进行比较，获得具有相同概念的相关夹具实例集合。数值型相似性测量的过程是
通过对具体属性的数量值的计算，来获得夹具实例的具体相似程度。以工件长度
"Workpiece Length" 的属性数值测量计算为例，计算过程如下：

$$S_{P,N}(p_{c'_{WL}}, p_{c_{WL}}) = 1 - \frac{|800 - 690|}{\max(800, 690)} = 0.86 \qquad (5-18)$$

$$w_{WL} = \frac{n(p_{c'_{WL}}, p_{c_{WL}})}{1 + 2 + \cdots + s} = \frac{8}{1 + 2 + \cdots + 10} = 0.15 \tag{5-19}$$

其他的术语类和模糊类计算过程与之类似，夹具实例中元件的语义信息相似性测量的计算过程如图 5.11 所示。

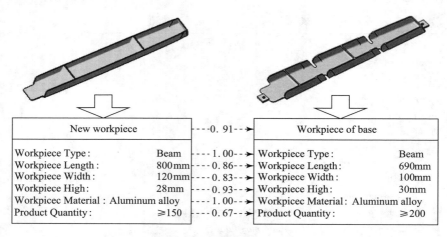

图 5.11 夹具实例中元件的语义信息相似性测量的计算过程

5.4 夹具详细设计

通过工件的装夹规划，可以获得该工件的多个装夹方案及每次装夹方案需要加工的特征集合、加工基准和精度信息等。针对每次装夹的要求，基于语义的夹具实例知识重用获得夹具的详细规划方案，设计出夹具的装夹方式及具体的装夹特征的形式及位置特征等信息。在夹具结构设计过程中，设计人员需要确定具体的定位元件、夹紧元件和支撑元件的规格和型号，基于这些信息构建相应的夹具元件的实例模型。然后，根据夹具元件之间的装配关系、它们之间的方向和位置关系，将夹具元件与相应的装夹特征建立装配关系，生成详细的夹具结构装配体（基础板、支承件、定位件、夹紧件等）。

在夹具详细结构的设计过程中，如何快速、合理地选择夹具组件和夹具元件，并且有效地推理所有元件的详细参数并自动创建实体模型，最终实现夹具元件实体模型之间及其与工件的自动装配是夹具设计人员实现敏捷设计时所面临的又一问题。解决夹具元件知识在夹具结构设计中的重用问题，是实现夹具元件快速设计的关键环节，对提高夹具的设计效率具有重要的意义。

为此，本书分析夹具结构设计过程中知识的应用过程，构建面向设计过程的夹具元件知识模型。基于夹具元件知识模型，建立夹具元件规格的推理机制，提出夹具元件参数自适应驱动的实体模型自动创建方法。基于典型的装配策略，自动构建夹具组件之间、夹具元件与工件的装配关系,实现夹具结构件的快速响应设计。

5.4.1 夹具结构设计过程描述

夹具的结构设计过程是指依据夹具规划所确定的工件表面的定位点、定位面、夹紧点和夹紧面等,选择满足装夹要求的定位元件、夹紧元件、起连接作用和支撑作用的基础板和连接件等,同时确定各元件之间的装配关系,以及其与工件装夹特征之间的方向和位置关系,最终装配生成详细的夹具结构件整体模型。

定义 3 夹具元件的设计过程 DP 由多个设计任务 T_i 组成:

$$DP = \{T_i \mid i = 1, 2, \cdots, n\} \tag{5-20}$$

其中, T_i 为夹具设计过程中某一个具体的设计任务。

定义 4 设计任务模型是针对具体的功能要求对设计任务单元进行的描述:

$$T_i = (T_{id}, T_{name}, T_{input}, T_{output}, T_{KP}) \tag{5-21}$$

其中, T_{id} 为设计任务的唯一标识; T_{name} 是设计任务的名称; T_{input}/T_{output} 为设计任务的输入与输出数据; T_{KP} 是领域内的各种知识,如参数列表、规则集合和模型等知识单元。

夹具元件设计过程中的主要设计任务如下:

1)夹具元件规格确定任务

$$T_1 = (1, Set\_Sta, StaType, StaGra, StaPar) \tag{5-22}$$

其中,夹具元件规格确定任务 Set_Sta 的主要输入参数是设计者提供的夹具元件类型 $StaType$,通过简化表示的线段来计算作用距离 δ,通过知识单元 $StaPar$ 的参数推理出夹具元件的相关参数,确定夹具元件的型号 $StaGra$。

2)实体模型的构建任务

$$T_2 = (2, Sol\_Mod, StaGra, StaMod, StaPar) \tag{5-23}$$

其中,实体模型的构建任务 Sol_Mod 是根据确定的夹具元件的型号 $StaGra$,基于相关元件的参数集,在设计环境中构建实体模型 $StaMod$,以实现夹具元件标识的实例化过程。

3)夹具元件的装配任务

$$T_3 = (3, Bat\_Ass, StaMod, AssMod, AssFea) \tag{5-24}$$

其中,夹具元件实体模型生成后,需要与夹具元件标识的点线集建立装配约束。基于定义的 $AssFea$,实现夹具元件实体模型 $StaMod$ 与元件标识的装配,输出装配模型 $AssMod$,完成夹具结构的详细设计。

从夹具元件的设计过程可以看出,每个环节都需要各种参数、标准、规范、手册和实体模型等相关知识。图 5.12 所示为夹具元件设计过程中知识的应用过程。为使这些知识更有效地应用于夹具的详细结构设计,实现知识的快速重用,减少夹具元件的设计时间,需要一种新的方法对这些知识进行集成与融合。

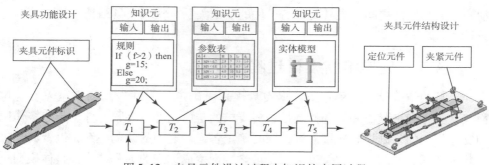

图 5.12   夹具元件设计过程中知识的应用过程

5.4.2   夹具元件知识模型与表示

1. 夹具结构设计方案的层次结构

夹具结构设计方案的是由工件和具有某种组合关系的定位件、夹紧件、支承件等夹具元件组成的装配集合体。装夹件可能由单个或多个夹具元件装配而成，不仅包含夹具元件的装配关系，还蕴含着特定的工程信息，如功能描述、设计规则、设计变异等。

夹具结构设计方案的组成如图 5.13 所示，具体包括五个层次。最顶层为工

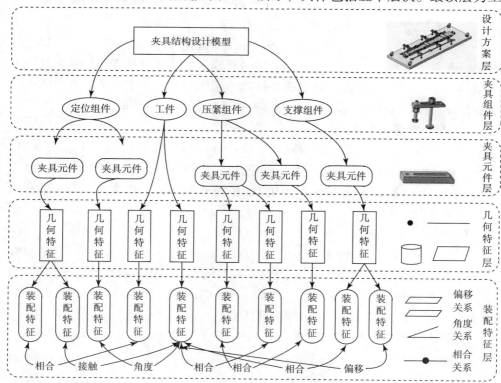

图 5.13   夹具结构设计方案的组成

件和定位组件、夹紧组件、基础件等形成的装配体集合（设计方案层）。第二层为夹具组件层，包括各种定位组件、夹紧组件和支撑组件等。第三层为夹具元件层，包括各种组件具体拆分的夹具元件，比如 T 型螺栓、支撑螺栓、固定螺母和压板为压板组件包含的夹具元件。第四层为几何特征层，其描述夹具元件由几个几何特征构成，比如螺栓实体模型由六棱柱和圆柱等几何特征组成。最底层为装配特征层，其由构成夹具装配体集合的装配关系组成，主要包括夹具元件之间、工件和夹具元件之间的装配特征的装配关系。

2. 夹具元件知识模型的定义

夹具元件知识模型是将夹具结构设计中积累的不同类型的夹具元件知识（数据、规则、参数、模型与装配信息）基于语义进行知识定义，并且以合适的数据模型进行表示和存储，基于该模型将知识嵌入夹具辅助设计系统中，提供参数调用与推理、模型驱动及自动装配等以实现夹具元件知识的重用[34]。

定义 5 夹具元件知识模型（Fixture Units Knowledge Model，FUKM）是集夹具元件的基本信息、参数信息、实体模型、装配信息及它们之间的关系于一体的知识智能体。

$$FUKM = \{I^F, \ Par^F, \ Sol^F, \ Asm^F\} \qquad (5-25)$$

式中各元素的具体含义如下：

（1）I^F 为夹具元件知识模型的基本信息集合，其对该类夹具元件的类型及标准型号予以说明。

$$I_i^F = \{sn_i, \ st_i \mid sn_i \in SN, \ st_i \in ST\} \qquad (5-26)$$

其中，SN 为夹具元件的名称，ST 为夹具元件的标准型号。

（2）Par^F 为夹具元件参数的集合，包含夹具元件的参数信息，其为建模与规则推理提供基础数据：

$$Par_i^F = \{ip_i, \ ep_i \mid ip_i \in IP, \ ep_i \in EP\} \qquad (5-27)$$

其中，IP 为夹具元件的内部参数，主要包括该夹具元件的相关参数及各种参数值，用于基于语义的实体模型构建。

$$ip_i = \{pn_i, \ v_{ij} \mid pn_i \in PN, \ v_{ij} \in V\} \qquad (5-28)$$

内部参数由属性名称集 PN 和参数值集合 V 组成。参数值集合为一个二维矩阵 V，即 $V = [v_{ij}]$。

其中，v_{ij} 为第 j 个规格中属性 pn_i 对应的属性值。下面为内部参数的表示：

$$PN = (d, \ D, \ H, \ \cdots, \ L) \qquad (5-29)$$

$$V = \begin{bmatrix} v_{11} & \cdots & v_{1j} \\ \vdots & \ddots & \vdots \\ v_{i1} & \cdots & v_{ij} \end{bmatrix} \qquad (5-30)$$

EP 为夹具元件的外部输出参数，定义规则和需要输出的参数。EP 包括参数规则的定义，$input$ 为输入参数，$output$ 为输出参数，$searchtype$ 表示规则判定原则。类型如下：*Equal*，*NoLessThan*，*NoMoreThan*。

（3）Sol^F 为实体模型的定义，描述夹具元件由几个特征体素组成，及每个特征的建模过程及参数描述：

$$Sol_j^{\ F} = \left\{ sm_j(ip_i) \mid ip_i \in IP,\ sm_j \in SM \right\} \qquad (5-31)$$

其中，*SM* 为模型特征集合。由夹具元件的内部参数 ip_i 构建每个实体特征单元，最终实现整个模型的构建。

（4）Asm^F 为夹具元件的装配特征集合，主要对夹具元件的装配约束进行定义和发布：

$$Asm_i^{\ F} = \left\{ ct_i,\ af_i,\ ct(af_i,\ af_j) \mid ct_i \in CT,\ af_i,\ af_j \in AF \right\} \qquad (5-32)$$

其中，*CT* 为装配约束类型，表示两个装配特征之间的约束关系。约束类型可以概括为 5 类基本约束类型：贴合、对齐、定向、偏移和角度：

$$CT = \left\{ Mate,\ Align,\ Orient,\ Offset,\ Angle \right\} \qquad (5-33)$$

CP 为装配模型的定义接口。*AF* 为装配特征。根据几何学原理，将装配特征抽象为面、线和点 3 种基本几何特征元素：

$$AF = \left\{ Surface,\ Line,\ Point \right\} \qquad (5-34)$$

基于以上知识组件的模型定义，可构建夹具元件知识组件模型。模型如图 5.14 所示。

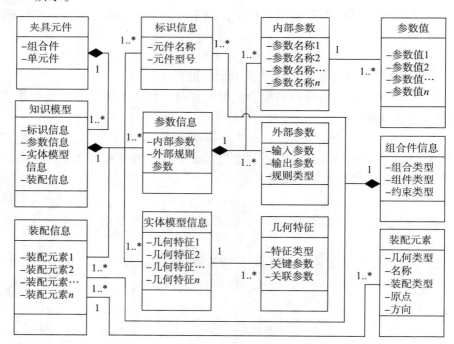

图 5.14　夹具元件知识模型

3. 夹具元件知识模型的表示

XML 容易描述数据的语义，也易于描述其间的关系，而且它具有很好的兼容性和跨平台性。基于对夹具元件知识模型多重数据结构的知识表示需求，选择用 XML 对知识组件模型进行表示及存储。图 5.15 所示为夹具元件知识模型的表示形式。

图 5.15　夹具元件知识模型的表示形式

4. 夹具元件知识模型在夹具结构设计中的重用机制

为了解决工装夹具设计知识重用的问题，基于夹具元件的知识模型，为夹具元件设计提供参数、模型和装配等知识信息，将知识无缝地集成到夹具结构设计中。

在夹具元件规格的确定过程中，参数信息为夹具元件作用距离的计算、基于规则的夹具元件规格确定提供相关基础数据支持；在夹具元件实体模型的构建过程中，模型信息为夹具元件实体模型的创建提供实体元素的定义和参数接口；在夹具元件实例化的过程中，装配信息为夹具元件的装配提供装配特征，以便于夹具元件标识集合与夹具元件实体模型的装配约束的构建。通过知识组件在夹具元件设计中的应用，可实现夹具元件知识的快速重用。图 5.16 所示为知识模型在夹具元件快速设计中的运行机制。

5.4.3　夹具元件规格的推理方法

夹具结构件设计方案是由各种不同形状、不同尺寸规格的组件或元件，按照一定的装配约束关系组合形成的。夹具的功能是由这些具有相互装配关系的夹具元件来保证，经过夹具规划设计以后，夹具结构设计还需要选择适当的元件来实现夹具定位和夹紧的功能。通常夹具元件的选择依据有中间工序模型尺寸、定位和夹紧特征类型、定位和夹紧位置和夹紧力等。在夹具元件的规格确定过程中，

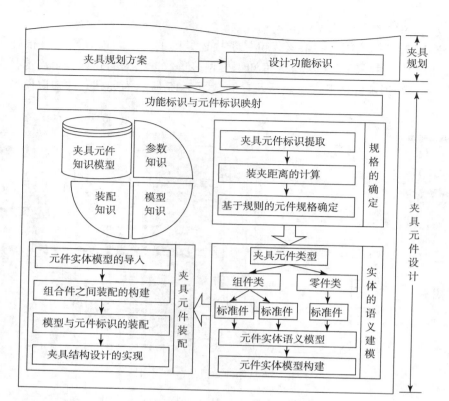

图5.16　知识模型在夹具元件快速设计中的运行机制

主要是通过夹具元件的关键尺寸计算和装夹力的需求来推理夹具元件的具体规格型号。

1. 夹具元件的关键参数计算

为了解决由定位与夹紧的作用距离来确定夹紧元件的选择问题，通过夹具元件标识的点和线，创建一条射线穿过各个实体模型来获得交点，通过计算装夹点到底板的距离来确定作用距离，基于夹具元件的关键参数信息选择规则，通过作用距离确定夹具元件的牌号。夹具元件规格的确定过程如下：

步骤1：选择夹具元件标识的点线集 $SU = \{Point_i, Line_i \mid i = 1, 2, \cdots, n\}$。

步骤2：作用距离 δ 算法。以简化表示的点 $Point_i$ 为起点，以线 $Line_i$ 为方向，绘制一条射线 $PLine_i$ 作为基准线，将线 $PLine_i$ 与各个装配零件实体 $Solid_i$ 之间求交点。交点的集合为 $V_i = \{Vstart_i, Vend_i \mid i \in Solid\}$，$Solid$ 为装配零件实体模型集。装夹点到底板的交点的距离为装夹规划的作用距离。

步骤3：基于规则的夹具元件规格的确定。

夹具元件牌号 Ph 根据不同的标准有统一的标记方法，如"名称－标准编号－夹具元件型式－规格－尺寸"等。设计过程中可以确定夹具元件的名称和类型，但夹具元件的规格等需要根据作用距离 δ 来确定，根据夹具元件（定位元

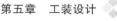

件、夹紧元件和支承元件等）的参数信息，基于知识组件的外部输出参数规则，确定夹具元件的规格 Ph。规格确定算法如算法 2 所示。

夹具元件的作用距离 δ 的算法见表 5.4。

表 5.4　算法 1：作用距离 δ 的计算

输入：$Point_i$；$Line_i$；$PLine_i$；$Solid_i$
输出：作用距离 δ
过程：
1. 获得对象 $Point_i$ 和 $Line_i$；
2. 由 $Point_i$ 和 $Line_i$ 绘制射线 $PLine_i$；
3. 获得工件在装配体中的变换矩阵；
4. 获得射线 $PLine_i$ 在工件中的坐标（零件坐标系）；
5. 获得射线 $PLine_i$ 在绝对坐标系下的坐标；
6. 创建相交交点集 $\{Vstart_i,\ Vend_i\ |\ i \in Solid\}$；
7. $\delta = Distance\ (Point_i,\ Vstart_i)$

基于规则的夹具元件规格确定算法见表 5.5。

表 5.5　算法 2：夹具元件规格型号的推理方法

输入：作用距离 δ；元件参数矩阵 V；元件型号参数 d；搜索类型 $SearchType$
输出：标准件牌号 Ph
过程：
1. 获得作用距离 δ；
2. 获取规格确定的规则类型 $searchtype$；
3. 如果 $Searchtype = equal$，
4. 查找参数 d 和 δ 相对应的元件长度 l；
5. 如果 $Searchtype = NoLessThan$，
6. 查找参数 d 和大于夹层厚度 δ 相对应第一个元件的长度 l；
7. 如果 $Searchtype = NoMoreThan$，
8. 查找参数 d 和小于夹层厚度 δ 相对应第一个元件的长度 l；
9. 输出夹具元件选择的规格型号 Ph，如：JB/T8015 $- 6 \times 30 \times 40$

2. 夹具组件关系的构建

目前，夹具元件自动几何建模主要是通过尺寸驱动技术来实现的。尺寸驱动是指在夹具元件几何特征不变的约束下，把一类夹具元件的尺寸参数作为变量，并在尺寸关系中定义变量间的约束关系，当给定变量值时，就可生成相应参数的夹具元件模型。基于尺寸驱动的自动几何建模原理如图 5.17 所示。首先基于特征绘制夹具元件实体模板，然后从模板中提取参数名称，根据需要选择需要驱动或变异的参数作为变量，建立参数关系数据，根据输入的变量值，实现实体模型的参数化驱动。

这种尺寸驱动方法只能针对单个元件实现参数化的驱动，而无法构建夹具组件类及其之间的尺寸约束关系，也没有夹具元件之间的装配关系，无法实现夹具

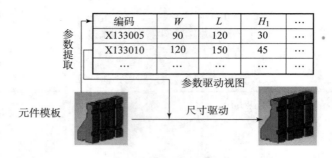

编码	W	L	H_1	…
X133005	90	120	30	…
X133010	120	150	45	…
…	…	…	…	…

图 5.17   基于尺寸驱动的自动几何建模原理

组件的整体实例化和自动装配功能。

为了解决这些问题，夹具元件知识模型将夹具元件之间的组合关系、尺寸关系和装配关系封装在一起，可以实现夹具组件的快速实例化和自动装配。夹具组件和夹具元件的型号确定以后，知识组件模型就确定了该类组件的组合形式，比如夹具元件类型、装配关系等信息。在实例化的过程中，只需要具体知道关键参数就可以驱动每一个夹具元件，整个夹具组件也就可以自动地实例化。

夹具元件知识模型包含了夹具组件层级关系、每一个组件信息和组件的建模规范。夹具组件检索时，先根据夹具规划结果获得具体的组件类型，然后进入该组件的知识模型，获得夹具组件的组成信息、参数信息、实体模型和装配信息等。每一种知识模型中都包含了该夹具组件中相应夹具元件的组成，对于同样组合形式的夹具组件类型，只需要创建一个夹具组合件知识模型，实例化时通过替换其中的夹具元件就可以实现另一个组件的创建，因此一个夹具元件知识模型根据每个元件的不同标准、不同类别，可以表示几十甚至上百个夹具组件模型。

每种夹具组件有自己的关键参数，这些关键参数决定了夹具元件之间的尺寸约束关系。通过夹具元件的某个关键参数可以确定其内部所有的参数数值，如压板组件的关键参数为压紧螺栓的直径 d、压紧高度 L。组件通过关键参数来确定组件元件或者子级组件的参数关系，由每个元件的关键参数驱动每个元件的具体详细参数关系。夹具组件的参数关系如图 5.18 所示。

夹具元件知识模型的组件信息描述了组件包含的夹具元件的组合形式及装配关系。具体的夹具组件知识模型的建立过程是先建立组件知识模型的模板文件，然后创建其模型和装配关系的参数，然后设置参数间的关系。具体夹具元件的参数关系是，由组件的关键参数来驱动夹具元件知识模型中的参数数据，实现夹具组件知识模型的创建。

这种组织形式，使组件中夹具元件的标准化更易于处理和规范，且夹具组件库更易于扩展。夹具元件知识模型所包含的数据如图 5.19 所示。

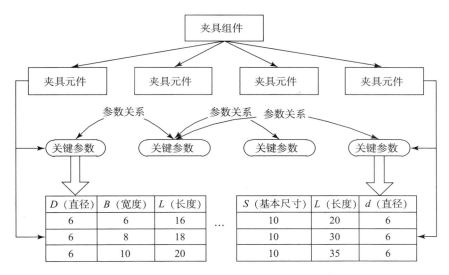

图 5.18　夹具组件的参数关系

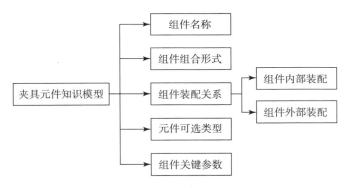

图 5.19　夹具元件知识模型所包含的数据

组件知识模型同样也是采用 XML 文件来储存。下面以双头螺栓压板压紧组件知识模型为例进行说明：

```
<ComponentType>
......
  <ComponentType = "压板">
    <Standards>
      <StandardStd = "JBT8010.9 -1999A"name = "平压板 A 型"></
      Standard>
      <StandardStd = "JBT8010.9 -1999B"name = "平压板 B 型"></
      Standard>
    </Standards>
```

```
< /Component >
……
< /ComponentType >
< ClampAssemblyname = "STUD BOLT Clamp">
  < ExportParams >
    < ExportParamName = "d"/>
    < ExportParamName = "L"/>
  < /ExportParams >
< Components >
  < ComponentType = "双头螺栓">< /Component >
  < ComponentType = "压板">< /Component >
  < ComponentType = "双头螺栓固定螺母">< /Component >
  < ComponentType = "双头螺栓压紧螺母">< /Component >
  < ComponentType = "支撑螺栓">< /Component >
  < ComponentType = "支撑螺栓螺母">< /Component >
< /Components >
< InnerConstraints >
……
  < ConstraintConsType = "catCstTypeOn"Param = "TRUE">
    < ComponentPrdtName = "支撑螺栓"ObjName = "Axis">< /Com-
      ponent >
    < ComponentPrdtName = "压板"ObjName = "Axis2">< /Compo-
      nent >
  < /Constraint >
……
< /InnerConstraints >
< OuterConstraints >
  < ConstraintConsType = "catCstTypeOn"Param = "TRUE">
    < ComponentPrdtName = "压板"ObjName = "MatingPoint">
      < /Component >
    < ComponentPrdtName = "零件"ObjName = "Point">< /Compo-
      nent >
  < /Constraint >
……
```

1）ComponentType（元件类型）

其主要描述夹具组件的类型，包括几种组合形式。每一个元件可能对应多个标准系列，根据需要可能采取不同的标准。

2）ClampAssembly（组件）

其为组合形式的名称。

3）ExportParams（组件参数）

其为组件的关键参数，通过这个参数才能确定组件的具体元件。

4）Components（元件组成）

其描述每一个组合形式所包含的夹具元件的类型列表。

5）InnerConstraints（组件内部装配关系）

其详细定义了组件内部各元件之间的装配特征、装配方式和装配参数等。

6）OuterConstraints（组件外部装配关系）

其定义了组件与工件或者工件底板以及组件外部其他元件之间的装配特征及装配关系。

虽然压板组件类型不同，如双头螺栓压板组件可以变异为平压板组件、弯头压板组件、移动压板组件等，但压板知识模型共用一个夹具元件知识模型，来表示夹具元件所有的相关知识，夹具组件的知识模型的扩展性如图 5.20 所示。

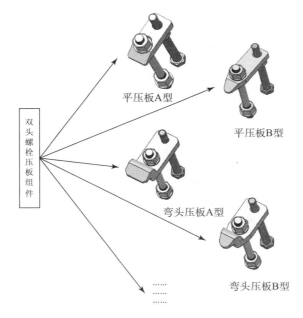

图 5.20　夹具元件知识模型的扩展性

5.4.4　知识支撑的夹具元件实体模型的构建方法

1. 夹具元件知识模型中实体模型的语义信息

夹具元件知识模型包括以下内容：夹具元件名称、夹具元件对应的三维模型名称、夹具元件的外部参数、夹具元件的内部参数、夹具元件的牌号及对应牌号的参数值、夹具元件的装配特征及装配关系等，如图5.21所示。

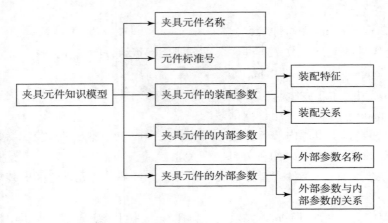

图5.21　夹具元件知识模型

GB/T 5782 夹具元件的 XML 信息文件内容如下：

```
<StandardComponent>
<Markname = "支撑螺栓"/>
<ExportParams>
    <ExportParamSearchType = "Equal"Name = "d"Value = "d"/>
    <ExportParamSearchType = "NoLessThan"Name = "L"Value = "l -
    d - d - d - d"/>
</ExportParams>
<Models>
    <ModelDimMin = "0"DimMax = "50"PartName = "GBT5782">< /
    Model>
</Models>
<InternalParams>
    <ParamName = "d"/>
    <ParamName = "l"/>
    <ParamName = "e"/>
    <ParamName = "k"/>
    <ParamName = "s"/>
    <ParamName = "dw"/>
    <ParamName = "c"/>
    <ParamName = "b"/>
</InternalParams>
```

```
<Brands>
<!--牌号标记根据5782标准:螺栓公称直径X的总长标准号-->
<BrandName = "BOTL M10X45 GBT5782"d = "10"l = "45"e = "17.77"k
= "6.58"s = "16"dw = "14.63"c = "0.60"b = "45"></Brand>
<BrandName = "BOTL M10X130 GBT5782"d = "10"l = "130"e = "17.77"k
= "6.58"s = "16"dw = "14.63"c = "0.60"b = "45"></Brand>
......
</Brands>
<Constraints>
    <ConstraintConsType = "catCstTypeOn"Param = "TRUE">
      <ComponentPrdtName = "元件"ObjName = "Axis"></Component>
      <ComponentPrdtName = "零件"ObjName = "MatingPoint"></
      Component>
    </Constraint>
          ......
</Constraints>
</StandardComponent>
```

在夹具元件知识模型中:

（1）Mark（中文名称）。

该类夹具元件的名称和规格型号。

（2）InternalParams（内部参数）。

内部参数为该夹具元件数模创建需要的关键参数和辅助参数。

（3）ExportParams（外部参数）。

外部参数是夹具元件牌号自动确定时所用的参数，一个夹具元件可以根据其使用特点，定义相应的关键参数。通过定义的参数推理规则，由夹具元件的关键参数可以推理出其他具体参数值，来选取最适合的标准牌号。

（4）Brands（标准牌号系列）。

标准规定的标准牌号系列。

（5）Constraints（装配特征及装配关系）。

其包含该夹具元件的装配特征、装配关系和装配参数等，由它可以完全确定该夹具元件与其他元件或者工件模型的装配关系。

2. **夹具元件智能实体模型的构建方法**

夹具元件智能实体模型基于夹具元件知识模型，其能够以尺寸参数驱动且相关型号参数自适应。尺寸驱动技术是指从外部编程角度操作CAD系统提供的API对象，实现夹具元件模型尺寸自动驱动的技术。从实用性、可维护性、可扩充性、集成性等角度考虑，本书采用尺寸驱动技术构建夹具元件智能实体模型。

夹具元件的参数分为关键参数和辅助参数。关键参数是指决定元件几何形状的关键特征参数；辅助参数是由关键参数通过一定的函数关系生成的其他尺寸参数。一般三维 CAD 系统都提供了对辅助参数设定方程式的功能，在建立夹具元件智能实体模型时可以利用这一功能，使实体建模参数的冗余最少，减少数据存储负担。

下面介绍夹具元件智能实体模型的构建过程。

1）夹具元件实体模型的构建

（1）基于语义的夹具元件模型建模方法。

调用夹具元件知识模型中实体模型的定义 Sol^F。获取几何特征 $sm_j(j=1)$，及相关的参数几何集 $\bigcup\limits_{i=1}^{n} ip_i$。通过 $sm_j.type$ 确定几何特征类型（圆柱、棱形和锥形等），将参数作为输入，形成单个几何特征 sm_j （$\bigcup\limits_{i=1}^{n} ip_i$）。遍历几何特征之间的结合关系 Con （sm_j，sm_{j+1}），如果 Con （sm_j，sm_{j+1}） $= +$，则表示在几何特征 sm_j 的基础上增加几何特征 sm_{j+1}。如果 Con （sm_j，sm_{j+1}） $= -$，则表示在几何特征 sm_j 的基础上去除几何特征 sm_{j+1}。

在夹具元件实体模型的构建过程中，根据知识模型对每一类夹具元件实体模型的定义，基于几何特征驱动代码库依次构建每个几何特征，同时基于各个几何特征的联结关系创建夹具元件的实体模型。表 5.6 所示为夹具元件 HB6510 和 HB6508 的实体模型构建过程。

表 5.6 基于语义的实体模型构建过程

标准件	实体模型	实体元素	布尔类型	实体元素	布尔类型	实体元素	布尔类型
HB6510			+ 增加		+ 增加		- 去除
HB6508			+ 增加		+ 增加		+ 增加
			+ 增加		- 去除		

（2）重用已有夹具元件实体模型。

现在，有很多商用夹具元件实体模型库。可以在这些实体模型的基础上，将元件参数知识和参数关系与实体模型关联，形成知识支撑的夹具元件实体模型[35]。

2）尺寸特征参数的构建与标注

已有的夹具元件实体模型没有参数的详细映射关系，需要将参数集合 $\cup ip_i$ 中的参数与实体模型的参数建立关联。夹具元件可以调用知识模型中的内部参数集合 $FUKM.IP$，将 $\cup ip_i$ 赋予对应的内置变量不同的数值，形成不同型号和规格的夹具元件实体模型。同时，为了夹具元件参数的自适应修改，需要在夹具实体模型上将参数标注出来，方便设计者直接进行参数化修改。实体模型在草图和特征中通过 Ano（ip_i）函数对参数进行标注，建立夹具元件参数的可视化视图及参数关联关系[36]。如图 5.22 中的 GB/T 5782 – 2000 所示，六角头螺栓的特征参数为：螺纹的公称直径 d，螺纹杆的长度 b，六角头的厚度 k，六角头的约束尺寸 e，六角头的约束尺寸 s，螺杆的长度 l，六角头的下圆凸垫厚度 c，六角头的下圆凸垫直径 dw。

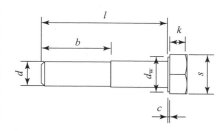

图 5.22 GB/T 5782 – 2000 的特征参数

将上述特征参数新创建成 8 个 $length$ 变量：d、l、e、K、s、dw、c、b，其默认值预设为国标中的一组值，如 8、40、14.38、5.45、13、11.63、0.6、22，如图 5.23 所示。

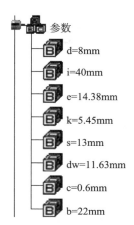

图 5.23 创建夹具元件的参数

3）参数关联关系的构建

夹具元件参数关联关系是参数化设计的关键，夹具元件三维模型中对应的特征参数之间存在着相应的参数关系，通常通过参数之间的公式来表示参数间的关系，如下式所示：

$$Frm = \bigcup_{i=1}^{m} Frm_i^{par} \left(\bigcup_{j=1}^{n} ip_j \right)$$

（5 – 35）

其中，Frm 为夹具元件参数公式集合，$Frm_i^{par}\left(\bigcup\limits_{j=1}^{n} ip_j\right)$ 表示具体的一个参数公式关系。通过对特征参数建立参数关联关系，可以实现用关键参数驱动整个夹具元件全部参数的创建过程，为夹具元件实体模型智能驱动提供数据基础。

3. 夹具元件装配特征的发布

夹具元件的装配知识的构建过程是，通过在夹具元件知识模型中的定义，在夹具元件实体模型中将相关的装配特征（点、线和面特征）af_i 进行发布，为夹具元件的自动装配提供相应的接口。以螺栓的装配特征发布为例，螺栓在装配时常用到的特征为：①螺栓轴线；②螺栓头底面。因此，在创建螺栓模板文件的时候，通过三维设计软件的装配特征发布功能，将这两个特征进行发布，并按照夹具元件系统的命名规范进行命名，如将其命名为装配轴线 Axis、装配平面 MatingPlane。这样，在工装设计过程中调用夹具元件时，就能够根据装配特征的名称在夹具元件实体模型中找到夹具元件的装配特征，进而自动完成装配[37]。夹具元件装配特征的发布过程如图 5.24 所示。

图 5.24　夹具元件装配特征的发布过程

5.4.5　夹具元件的自动装配方法

1. 夹具元件的装配语义信息

夹具元件的装配语义信息是描述夹具装配体中工件与夹具元件、夹具元件之间的装配关系和典型夹具装配过程的装配信息。获得典型夹具元件的装配语义信息是实现夹具结构件快速与自动装配的基础，也是重用夹具元件装配知识的关键环节。

在夹具元件知识模型的定义中，AF 表示装配特征，主要特征类型是由点 P^F、线 L^F 和面 PL^F 这些几何元素构成的；CT 表示装配类型，用来描述夹具元件和工件之间的相对几何关系限制条件。通过重合约束（Coincidence Constraint）、接触约束（Contact Constraint）、偏移约束（Offset Constraint）、夹角约束（Angle Constraint）、固定约束（Fix Constraint）等约束关系限制夹具元件和工件的自由度，最终实现夹具相关结构件的定位和装配关系。

在夹具结构设计中，工件和夹具元件、夹具元件之间存在多种装配关系，而且，装配约束关系的构建过程是一个顺序结构的装配约束链条，为了更好地描述夹具结构设计装配知识，通过一阶谓词的形式表达夹具元件的装配知识。

为了定义夹具元件的典型装配关系，本书采用一阶逻辑相关的定义、公理和理论。相关的一阶逻辑用到的操作符见表 5.7。

表 5.7 一阶逻辑用到的操作符

标识	意义	标识	意义
→	逻辑含义	∀	全称量词
≡	逻辑等于	∃	存在量词
∧	逻辑与	¬	逻辑非
∨	逻辑或	=	相等

基于一阶逻辑理论，夹具结构设计过程主要包含如下装配约束关系：

（1）固定约束关系。

$$F(AF) := \exists Fix, \ Part(AF).freedom = 0 \qquad (5-36)$$

其中，F 表示固定约束，AF 为装配特征。

（2）偏移约束关系。

$$OFS(af_i, \ af_j, \ d_{ofs}) := \exists x, \ y, \ x \in af_i, \ y \in af_j; \ dis(x, \ af_j) = d_{ofs}$$

$$(5-37)$$

其中，OFS 表示偏移约束，d_{ofs} 表示偏移距离。

（3）夹角约束关系。

$$ANG(af_i, \ af_j, \ \theta) := \exists \theta; \ Angle(af_i, \ af_j) = \theta \qquad (5-38)$$

其中，ANG 表示夹角约束关系，θ 表示夹角的角度数值。当 $\theta = 90°$ 时，夹角约束关系转变为垂直约束关系（Perpendicularit Constraint）；当 $\theta = 0°$ 时，夹角约束关系转变为平行约束关系（Parallelism Constraint）。

（4）重合约束关系。

$$COC(af_i, \ af_j) := \exists x, \ y, \ x \in af_i, \ y \in af_j; \qquad (5-39)$$

其中，COC 表示重合约束关系，af_i 和 af_j 表示装配特征。

（5）接触约束关系。

$$CNT \ (af_i, \ af_j) := \forall x, \ y, \ x \in af_i, \ y \in af_j; \qquad (5-40)$$

其中，CNT 表示接触约束关系，包括点接触、线接触和面接触几种类型。

2. 夹具元件的装配知识模型

在夹具结构设计过程中，虽然元件与夹具元件之间、夹具元件相互之间都存在多种装配约束关系，但是，在构建装配约束关系的过程中，都是以二元的装配特征（点、线和面）和一定的装配关系（重合、偏移、角度和接触等）构建每个装配关系。由这些简单的二元装配关系最终构建整个夹具结构设计方案中的所有约束关系。基于夹具元件装配关系的构建方式，夹具元件知识模型中的装配知识通过二元装配关系集合来表示。图 5.25 所示为夹具元件知识模型中装配关系结构。

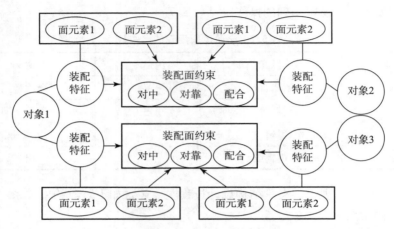

图 5.25　夹具元件知识模型中的装配关系结构

根据夹具元件装配知识模型的定义，采用 XML 语言表示知识模型的结构，具体的装配知识模型结构如下：

```
< ClampAssembly name = "组合件类型" >
    < Components > //夹具元件组成
        < Component Type = "夹具元件类型" >< /Component >
        < Component Type = "夹具元件类型" >< /Component > …
    < /Components >
    < Constraints > //夹具元件之间的装配约束
        < Constraint ConsType = "约束类型" Param = "TRUE" >
            < Component PrdtName = "夹具元件类型" ObjName = "装配
                特征" >< /Component >
            < Component PrdtName = "夹具元件类型" ObjName = "装配
                特征" >< /Component >
        < /Constraint > …
    < /Constraints >
< /ClampAssembly >
```

3. 夹具组件的自动装配方法

基于夹具元件知识模型，确定相应定位元件、夹紧元件等的规格型号，通过元件智能实体模型驱动夹具元件实体模型的构建。同时，装配知识也随着建模过程得以发布。在装配过程中，知识模型根据相应夹具组件定义的装配知识，获取每一类组合元件的装配关系，解析每一类组件由几个元件组成，及其存在的几种装配关系。依次调用每个二元装配关系实现夹具元件的自动装配，其算法如图 5.26 所示。

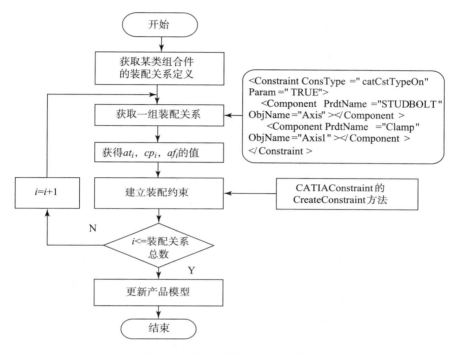

图 5.26　夹具组件的自动装配算法

夹具组件的自动装配算法的步骤如下：

步骤 1：构建夹具组合件实体模型的装配特征，基于装配约束的定义，发布相关的装配类型、装配组件及装配特征。

步骤 2：获取与知识模型相关的装配知识定义，包括装配约束类型 at_i、夹具元件 cp_i 及具体的装配特征 af_i。

步骤 3：解析一个二元装配关系，载入实例化的夹具元件模型 cp_i，为夹具元件中的具体装配特征 af_i 构建相应的装配约束类型 at_i。

步骤 4：依次获取其他二元装配关系，对其进行解析。同时，构建相应的装配关系，最终由多个夹具元件生成一个夹具组件，实现一个夹具组件的实例化过程。

步骤 5：遍历其他夹具组件的定义，重复步骤 2，直到所有的夹具组件构建完成。

4. 夹具元件与工件的自动装配方法

夹具组件的装配关系构建完成后，需要将工件上的夹具元件标识的点 $Point_i$

和线 $Line_i$，与形成的夹具元件实体模型建立装配约束，实现夹具元件实体模型的实例化与工件的自动装配。

夹具元件与工件的自动装配过程如下：

步骤1：将工件及其夹具元件标识建立固定约束。

步骤2：夹具元件标识是装夹特征的具体表示，将工件上简化表示的夹具元件标识（点线集）作为装配特征进行发布。

步骤3：获取知识模型的装配知识定义，获取与工件相关的装配约束信息，载入实例化的夹具组件模型。

步骤4：选取夹具元件标识的装夹点 $Point_i$ 和其所在的平面 $Plane_i$，与实例化的组合合件模型 S_i 的装配特征建立面与面和点与线的装配约束，从而实现一个夹具组件的设计过程。

步骤5：遍历各种夹具元件标识，与相应的实体模型依次建立装配约束，实现夹具元件的自动装配过程，提高夹具结构设计的敏捷性。

5.5　夹具设计验证

计算机辅助夹具设计（Computer Aided Fixture Design，CAFD）技术日趋完善，在很大程度上可以帮助设计人员快速完成工装设计任务。但是人们在工装设计过程中还会时常发现一些问题，比如夹紧不合理、工件夹具系统不稳定、定位精度达不到要求、工装干涉等，而这些问题对工件的加工和装配质量都有重要影响，如果能在设计时及时发现并将其解决，就能提高设计效率，缩短新产品的生产准备周期。这些问题都要通过夹具设计校验来发现和解决，然而目前的工装设计校验工作大多都由人工完成，这造成设计效率低下、设计周期长，并且设计校验在很大程度上受到设计者的经验和水平的限制，准确性不能得到保证的现象，所以传统的工装设计校验方法已经不能满足现代生产的需要。因此，实现工装设计校验的自动化成为企业急需解决的难点，而对计算机辅助夹具设计验证（Computer Aided Fixture Design Verification，CAFDV）技术的研究变得尤为重要。CAFDV 主要研究夹具定位精度、工件的装夹稳定性、加工变形控制等与夹具设计有关的设计校验，以检验夹具是否合理、能否满足加工要求，夹具－刀具－工件系统是否干涉，在加工过程中是否稳定的问题，并分析得到结论，然后以此为基础进一步对夹具设计进行优化，最终获得最佳的夹具设计方案。

5.5.1　夹具定位精度分析与优化

提高工件的加工精度一直以来都是机械领域研究的重要课题之一。据统计，大约40%的部件质量问题是由夹具的误差引起的[38]。其中工件定位误差是影响工件加工精度的一个重要因素。因此，提高定位精度是保证工件加工精度的有效方法之一[39]。

工件定位误差越小，那么工件的加工精度越高。在实际应用中由于定位元件的制造误差、毛坯件表面精度等原因，一定存在定位误差。实践表明，应将定位误差控制在工件加工尺寸公差带的 1/3 范围内[40]。

夹具定位精度分析与优化的主要任务是，在给定工件待加工特征的公差要求的情况下，将其转换为允许的工件位置和方向偏差范围，并确定所有定位元件的几何精度；反之，给出了定位元件的制造精度，确定工件的位置和方向变化，将其转化为工件加工特征的定位精度。统计工件偏移量，分析偏移量的变化规律，从而找到提高工件定位精度的方法[41]。

1. 工件定位误差统计分析

假设工件上样本点 P 在全局坐标系中发生移动，样本点偏移之后变为 P'，那么在该定位布局下样本点 P 的定位误差 $\delta = \overrightarrow{PP'}$。因为定位元件制造误差随机产生，所以 δ 也是一系列随机数。对 δ 进行统计分析，可用 δ 的期望和方差评定该定位布局的质量。

首先获取多个具有代表性的样本点，例如精度要求较高的特征表面点。在工件表面取样本点 $\{P_1，P_2，P_3\cdots，P_n\}$，$n$ 为样本点的个数。经上述计算得到偏移后的样本点：

$$\{P'_1，P'_2，P'_3\cdots，P'_n\} \tag{5-41}$$

通过雅克比矩阵等坐标变换计算得到这些样本的偏移误差 $\delta_i = \overrightarrow{P_iP'_i}$，即：

$$\{\delta_1，\delta_2，\delta_3\cdots\delta_n\} \tag{5-42}$$

重复上述计算偏移误差的过程 m 次，得到：

$$\{\delta_1^1，\delta_2^1，\delta_3^1，\cdots，\delta_n^1\}，\{\delta_1^2，\delta_2^2，\delta_3^2，\cdots，\delta_n^2\}，\cdots，\{\delta_1^m，\delta_2^m，\delta_3^m，\cdots，\delta_n^m\} \tag{5-43}$$

对得到的样本误差进行统计分析。对于第 k 个样本点，经过 m 次实验后可以得到：

$$\{\delta_k^1，\delta_k^2，\delta_k^3，\cdots，\delta_k^m\} \tag{5-44}$$

那么对于第 k 个样本点，从其模拟的误差数据可以计算最大值、最小值、方差、期望等统计量。机械加工中很多时候工件上个别特征精度要求很高，而其他特征精度较低，那么在选择样本时就要考虑这一因素，要有较多样本点位于高精度特征表面，然后综合考虑这些样本点的 $\bar{X} - R$ 图的情况，确定是否选用当前的定位设计。

2. 定位误差计算方法研究

1）定位误差产生的原因

定位元件在制造过程中都有一定的尺寸公差范围，每个标准件的尺寸服从某概率统计分布，一般为正态分布。定位元件在很多情况下要与工件表面配合，配合也会产生误差，这种装配误差的产生不可避免，定位元件制造误差和装配误差导致了工件定位误差。

工程应用中常采用"两孔一面"或"3－2－1"定位方式对工件定位，如图 5.27 所示，其中 L_1、L_2…，L_6 等为定位元件。由于每个定位元件都有制造误差，并且定位元件与工件装配时也会产生误差，所以这六个定位元件的制造误差和装配误差最终导致工件定位误差，如图 5.28 所示。

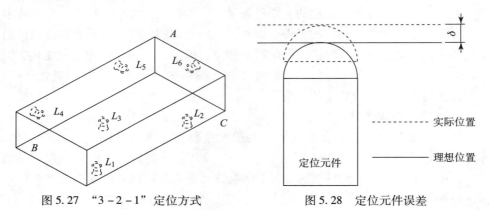

图 5.27   "3－2－1"定位方式   图 5.28   定位元件误差

"两孔一面"定位方式有类似的情况。首先，为保证圆柱销与孔能够快速拆卸，一般采用间隙配合，间隙大小由公差带确定，所以这个配合就决定了工件必定存在定位误差。其次，圆孔与菱形销的配合同样具有间隙，这个间隙在一定程度上扩大了工件的定位误差。最后，面面接触配合时存在平面度问题，工件上圆孔和平面有垂直度问题，这些因素都会影响定位误差。图 5.29 所示为"两孔一面"定位误差。

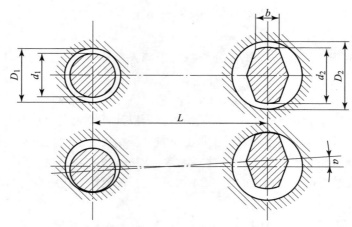

图 5.29   "两孔一面"定位误差

2）定位误差传递分析

对工件而言，定位误差使工件上任意样本点 P 偏移到 P'。计算出 P' 点的位置坐标，即可求得该点的偏移距离，该点的偏移距离也可以称为该样本点的定位误差。这种空间旋转偏移变换理论一般用于机器人手臂的动作控制计算，也用于 CAD 软件的空间方位变换计算。此处用于计算工件的微小空间移动[52]。

当定位元件偏离理论位置时，工件的位置和方位也随之变化。工件表面上任意样本点的位置坐标由 (x, y, z) 变为 (x', y', z')，那么工件坐标系相对绝对坐标系 (x, y, z) 发生转动 $(\alpha_x, \alpha_y, \alpha_z)$ 和平移 $(\Delta x, \Delta y, \Delta z)$，则工件上任意一点的坐标变换关系为：

$$\{x', y', z', 1\} = \{x, y, z, 1\} \cdot \boldsymbol{Ri} \tag{5-45}$$

$$\boldsymbol{Ri} = \begin{bmatrix} \cos\alpha_y\cos\alpha_z & \cos\alpha_x\sin\alpha_z & -\sin\alpha_y & 0 \\ \sin\alpha_x\sin\alpha_y\cos\alpha_z - \cos\alpha_y\sin\alpha_z & \sin\alpha_x\cos\alpha_y\sin\alpha_z - \cos\alpha_x\cos\alpha_z & \cos\alpha_y\sin\alpha_x & 0 \\ \cos\alpha_x\sin\alpha_y\cos\alpha_z - \sin\alpha_x\sin\alpha_z & \sin\alpha_z & \cos\alpha_y\cos\alpha_x & 0 \\ \Delta x & \Delta y & \Delta z & 1 \end{bmatrix}$$

定位元件误差引起工件坐标系变换，所以定位误差的传递必须求出工件坐标系具体的变动参数 α_x，α_y，α_z，Δx，Δy，Δz。这些变动参数与定位元件尺寸误差、定位元件与工件装配误差相关，并且这两者具有随机性，每次都会产生不同的结果。

3）定位误差随机因素的引入

定位元件的类型有多种，定位钉关注的是其长度方向的尺寸误差，定位销关注的是直径的尺寸误差。分别对"3－2－1"定位方式和"两孔一面"定位方式进行分析。

（1）"3－2－1"定位方式的随机误差。

虽然每个定位元件的尺寸误差不同，但一般而言定位钉的尺寸误差 ΔL_i 服从正态分布 $N(\mu, \delta^2)$，并且可以认为每个定位元件之间相互独立，那么每个定位元件的误差：

$$\Delta L_i \sim \boldsymbol{N}(\mu_i, \delta_i^2), \ i = 1, 2\cdots, 6 \tag{5-46}$$

定位接触点坐标已知，第 i 个定位接触点的坐标为：

$$L_i = (LX_i, LY_i, LZ_i), \ i = 1, 2\cdots, 6 \tag{5-47}$$

根据 ΔL_i 和 L_i 可以计算出 Δx，Δy，Δz，α_x，α_y，α_z，在图 5.27 所示的定位布局情况下计算方法为：

$$\begin{cases} \Delta x = \Delta L_6 \\ \Delta y = \max(\Delta L_4, \Delta L_5) \\ \Delta z = \max(\Delta L_1, \Delta L_2, \Delta L_3) \\ \tan\alpha_x = \max\left(\dfrac{\Delta L_2 - \Delta L_3}{LY_2 - LY_3}, \dfrac{\Delta L_1 - \Delta L_3}{LY_1 - LY_3}, \dfrac{\Delta L_2 - \Delta L_1}{LY_2 - LY_1}\right) \\ \tan\alpha_y = \max\left(\dfrac{\Delta L_2 - \Delta L_3}{LX_2 - LX_3}, \dfrac{\Delta L_1 - \Delta L_3}{LX_1 - LX_3}, \dfrac{\Delta L_2 - \Delta L_1}{LX_2 - LX_1}\right) \\ \tan\alpha_z = \dfrac{\Delta L_4 - \Delta L_5}{LX_4 - LX_5} \end{cases} \tag{5-48}$$

将上述 Δx，Δy，Δz，α_x，α_y，α_z 代入矩阵 **Ri** 及式（5–45），即可得到变换后的坐标 $P'(x', y', z')$。

（2）"两孔一面"定位方式的随机误差。

对"两孔一面"类型的定位方案，两个定位孔圆心坐标、圆孔公差、圆柱销公差、菱形销公差规格，销的工作接触高度，圆孔相对于平面的垂直度均已知，并认为它们都服从正态分布。影响"两孔一面"定位方式精度的随机误差如图 5.30 所示。

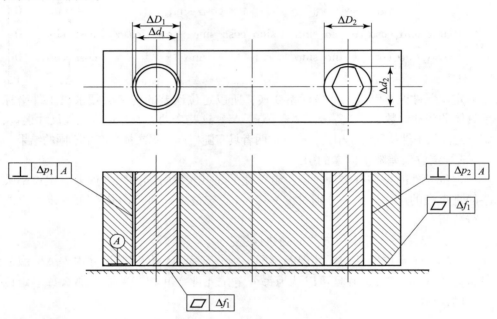

图 5.30 "两孔一面"定位方式的随机误差

根据已知可以计算出 Δx，Δy，Δz，α_x，α_y，α_z，在图 5.30 所示的情况下计算方法为：

$$\begin{cases} \Delta x = \Delta D_1 + \Delta d_1 \\ \Delta y = \min(\Delta D_1 + \Delta d_1,\ \Delta D_2 + \Delta d_2) \\ \Delta z = \Delta f_1 + \Delta f_2 \\ \tan\alpha_z = \dfrac{\Delta D_1 + \Delta d_1 + \Delta D_2 + \Delta d_2}{L} \\ \tan\alpha_y = \dfrac{\Delta p_1}{h} \\ \tan\alpha_x = \min\left(\dfrac{\Delta p_1}{h},\ \dfrac{\Delta p_2}{h}\right) \end{cases} \quad (5-49)$$

其中，ΔD_i，$i = 1$，2 为圆孔直径公差；Δd_1 为圆柱销直径公差；Δd_2 为菱形销直

径公差；h 为销的工作接触高度；Δp_i，$i=1$，2 为圆孔相对基准面的垂直度误差；Δf_1，Δf_2 为工件基准面和工装基准面的平面度误差。

将上述 Δx，Δy，Δz，α_x，α_y，α_z 代入矩阵 $\boldsymbol{R}_i$ 及式（5-45），即可得到变换后的坐标 $P'(x'，y'，z')$，进而可以求得样本点 P 的定位误差 $\delta = \overrightarrow{PP'}$。

4）定位误差概率分布函数

（1）"3-2-1" 定位方式。

由（5-48）及（5-46）可以推出工件在 x，y，z 方向平移和转动的误差概率分布函数。

由于 $\Delta x = \Delta L_6$，所以 Δx 同 ΔL_6 服从正态分布 $\Delta L_6 \sim N(\mu_6，\delta_6^2)$。

由于 $\Delta y = \max(\Delta L_4，\Delta L_5)$，且 ΔL_4，ΔL_5 的概率密度函数已知，故

$$p_i(x) = \frac{1}{\sqrt{2\pi}\sigma_i}\exp\left(-\frac{(x-\mu_i)^2}{2\sigma_i^2}\right)，\quad i=4，5 \qquad (5-50)$$

所以 Δy 的概率分布函数为：

$$F_{\Delta y}(x) = \int_{-\infty}^{x}\frac{1}{\sqrt{2\pi}\sigma_4}\exp\left(-\frac{(x-\mu_4)^2}{2\sigma_4^2}\right)dx \cdot \int_{-\infty}^{x}\frac{1}{\sqrt{2\pi}\sigma_5}\exp\left(-\frac{(x-\mu_5)^2}{2\sigma_5^2}\right)dx$$

$$(5-51)$$

同理，$\Delta z = \max(\Delta L_1，\Delta L_2，\Delta L_3)$ 的概率分布函数为：

$$F_{\Delta z}(x) = \int_{-\infty}^{x}\frac{1}{\sqrt{2\pi}\sigma_1}\exp\left(-\frac{(x-\mu_1)^2}{2\sigma_1^2}\right)dx \cdot \int_{-\infty}^{x}\frac{1}{\sqrt{2\pi}\sigma_2}\exp\left(-\frac{(x-\mu_2)^2}{2\sigma_2^2}\right)dx \cdot$$

$$\int_{-\infty}^{x}\frac{1}{\sqrt{2\pi}\sigma_3}\exp\left(-\frac{(x-\mu_3)^2}{2\sigma_3^2}\right)dx \qquad (5-52)$$

由于 $\tan\alpha_z = \dfrac{\Delta L_4 - \Delta L_5}{LX_4 - LX_5}$，所以 $\tan\alpha_z$ 服从正态分布：

$$\tan\alpha_z \sim N\left(\frac{\mu_4 - \mu_5}{LX_4 - LX_5}，\frac{\sigma_4^2 + \sigma_5^2}{(LX_4 - LX_5)^2}\right) \qquad (5-53)$$

由于 $\tan\alpha_y = \max\left(\dfrac{\Delta L_2 - \Delta L_3}{LX_2 - LX_3}，\dfrac{\Delta L_1 - \Delta L_3}{LX_1 - LX_3}，\dfrac{\Delta L_2 - \Delta L_1}{LX_2 - LX_1}\right)$，所以 $\tan\alpha_y$ 的分布函数为：

$$F_{\tan\alpha y}(x) = \int_{-\infty}^{x}\frac{1}{\sqrt{2\pi}\sigma_a}\exp\left(-\frac{(x-\mu_a)^2}{2\sigma_a^2}\right)dx \cdot$$

$$\int_{-\infty}^{x}\frac{1}{\sqrt{2\pi}\sigma_b}\exp\left(-\frac{(x-\mu_b)^2}{2\sigma_b^2}\right)dx \cdot$$

$$\int_{-\infty}^{x}\frac{1}{\sqrt{2\pi}\sigma_c}\exp\left(-\frac{(x-\mu_c)^2}{2\sigma_c^2}\right)dx \qquad (5-54)$$

其中

$$\mu_a = \frac{\mu_2 - \mu_3}{LX_2 - LX_3}, \quad \sigma_a = \frac{\sigma_2^2 + \sigma_3^2}{(LX_2 - LX_3)^2}$$

$$\mu_b = \frac{\mu_1 - \mu_2}{LX_1 - LX_2}, \quad \sigma_b = \frac{\sigma_1^2 + \sigma_2^2}{(LX_1 - LX_2)^2}$$

$$\mu_c = \frac{\mu_1 - \mu_3}{LX_1 - LX_3}, \quad \sigma_c = \frac{\sigma_1^2 + \sigma_3^2}{(LX_1 - LX_3)^2}$$

由于 $\tan\alpha_x = \max\left(\dfrac{\Delta L_2 - \Delta L_3}{LY_2 - LY_3}, \dfrac{\Delta L_1 - \Delta L_3}{LY_1 - LY_3}, \dfrac{\Delta L_2 - \Delta L_1}{LY_2 - LY_1}\right)$，所以 $\tan\alpha_x$ 的分布函数为：

$$\begin{aligned}
F_{\tan\alpha x}(x) = &\int_{-\infty}^{x} \frac{1}{\sqrt{2\pi}\sigma_d} \exp\left(-\frac{(x - \mu_d)^2}{2\sigma_d^2}\right) dx \cdot \\
&\int_{-\infty}^{x} \frac{1}{\sqrt{2\pi}\sigma_f} \exp\left(-\frac{(x - \mu_f)^2}{2\sigma_f^2}\right) dx \cdot \\
&\int_{-\infty}^{x} \frac{1}{\sqrt{2\pi}\sigma_h} \exp\left(-\frac{(x - \mu_h)^2}{2\sigma_h^2}\right) dx \quad (5-55)
\end{aligned}$$

其中

$$\mu_d = \frac{\mu_2 - \mu_3}{LY_2 - LY_3}, \quad \sigma_d = \frac{\sigma_2^2 + \sigma_3^2}{(LY_2 - LY_3)^2}$$

$$\mu_f = \frac{\mu_1 - \mu_2}{LY_1 - LY_2}, \quad \sigma_f = \frac{\sigma_1^2 + \sigma_2^2}{(LY_1 - LY_2)^2}$$

$$\mu_h = \frac{\mu_1 - \mu_3}{LY_1 - LY_3}, \quad \sigma_h = \frac{\sigma_1^2 + \sigma_3^2}{(LY_1 - LY_3)^2}$$

综上所述，"3-2-1"定位方式中由定位钉的随机误差所导致的工件位置变换的概率分布函数被全部求出。

（2）"两孔一面"定位方式。

"两孔一面"定位方式中有 8 个随机误差影响定位精度，随机因素均为正态分布：$\Delta D_i \sim N(\mu_i, \sigma_i^2)$，$i = 1, 2$；$\Delta d_1 \sim N(\mu_3, \sigma_3^2)$；$\Delta d_2 \sim N(\mu_4, \sigma_4^2)$；$\Delta p_1 \sim N(\mu_5, \sigma_5^2)$；$\Delta p_2 \sim N(\mu_6, \sigma_6^2)$；$\Delta f_1 \sim N(\mu_7, \sigma_7^2)$；$\Delta f_2 \sim N(\mu_8, \sigma_8^2)$；根据式（5-49）可以求得 Δx，Δy，Δz，$\tan\alpha_x$，$\tan\alpha_y$，$\tan\alpha_z$ 概率分布函数。

由于 $\Delta x = \Delta D_1 + \Delta d_1$，所以 $\Delta x \sim N(\mu_1 + \mu_3, \sigma_1^2 + \sigma_3^2)$。

由于 $\Delta y = \min(\Delta D_1 + \Delta d_1, \Delta D_2 + \Delta d_2)$，$\Delta y$ 的概率分布函数为：

$$\begin{aligned}
F(x) = &1 - \left[1 - \int_{-\infty}^{x} \frac{1}{\sqrt{2\pi}\sigma_a} \exp\left(-\frac{(x - \mu_a)^2}{2\sigma_a^2}\right) dx\right] \cdot \\
&\left[1 - \int_{-\infty}^{x} \frac{1}{\sqrt{2\pi}\sigma_b} \exp\left(-\frac{(x - \mu_b)^2}{2\sigma_b^2}\right) dx\right] \quad (5-56)
\end{aligned}$$

其中，$\mu_a = \mu_1 + \mu_3$，$\sigma_a = \sqrt{\sigma_1^2 + \sigma_3^2}$，$\mu_b = \mu_2 + \mu_4$，$\sigma_a = \sqrt{\sigma_2^2 + \sigma_4^2}$。

由于 $\Delta z = \Delta f_1 + \Delta f_2$，所以 $\Delta z \sim N(\mu_7 + \mu_8, \ \sigma_7^2 + \sigma_8^2)$。

由于 $\tan\alpha_z = \dfrac{\Delta D_1 + \Delta d_1 + \Delta D_2 + \Delta d_2}{L}$，所以 $\tan\alpha_z$ 的概率分布函数为：

$$\tan\alpha_z \sim N\left(\frac{\mu_1 + \mu_2 + \mu_3 + \mu_4}{L}, \ \frac{\sigma_1^2 + \sigma_2^2 + \sigma_3^2 + \sigma_4^2}{L^2}\right) \qquad (5-57)$$

由于 $\tan\alpha_y = \dfrac{\Delta p_1}{h}$，所以 $\tan\alpha_y \sim N\left(\dfrac{\mu_5}{h}, \ \dfrac{\sigma_5^2}{h^2}\right)$。

由于 $\tan\alpha_x = \min\left(\dfrac{\Delta p_1}{h}, \ \dfrac{\Delta p_2}{h}\right)$，所以 $\tan\alpha_x$ 概率分布函数为：

$$F(x) = 1 - \left[1 - \int_{-\infty}^{x} \frac{h}{\sqrt{2\pi}\sigma_5} \exp\left(-\frac{(hx - \mu_5)^2}{2\sigma_5^2}\right) dx\right] \cdot$$

$$\left[1 - \int_{-\infty}^{x} \frac{h}{\sqrt{2\pi}\sigma_6} \exp\left(-\frac{(hx - \mu_6)^2}{2\sigma_6^2}\right) dx\right] \qquad (5-58)$$

至此，"两孔一面"定位方式中由定位销误差因素所导致的工件位置变换的概率分布函数被全部求出。

3. 基于几何精度分析的定位布局优化

1）定位布局优化建模

定位误差在很大程度上与定位元件之间的距离有关，这 6 个定位点之间的距离在不同程度上影响定位精度，它们之间的距离影响 α_x，α_y，α_z 的值，同时，底面上 3 个定位点构成的三角形的面积越大，那么工装越稳定[52]。所以，以样本点误差的期望为第一优化目标，以底面上 3 个定位点构成的面积为第二优化目标，优化上述 6 个定位点的位置，将会得到最优布局方案，可以提高定位精度和工装稳定性[53]。

优化问题的约束条件为工件表面上 6 个定位元件的相对位置和合理的坐标取值范围，6 个定位点的坐标表示为：

$$L_i = (LX_i, \ LY_i, \ LZ_i), \quad i = 1, 2, \cdots, 6 \qquad (5-59)$$

假设工件定位面的长宽高分别为 A，B，C。约束方程主要考虑定位点的相对位置，即 L_1，L_2，L_3 在底面，并且 L_1 距离原点最远，该约束会使定位布局搜索范围减少而利于寻优。实际工件的表面可能会有凹槽、孔等特征限制定位钉的布局，所以要结合实际情况考虑合理的定位钉坐标取值范围。

$$L_i \in U(Layout) = \begin{cases} LX_6 = LZ_1 = LZ_2 = LZ_3 = LY_4 = LY_5 = 0 \\ 0 < LX_2, \ LX_3 < LX_1 < A \\ 0 < LY_1, \ LY_2 < LY_3 < B \\ 0 < LX_5 < LX_4 < A \\ 0 < LZ_4, \ LZ_5, \ LZ_6 < C \\ 0 < LY_6 < B \end{cases}$$

另外，每个定位元件的随机误差服从正态分布：

$$\Delta L_i \sim N(\mu, \ \delta^2), \quad i = 1, \ 2 \cdots, \ 6$$

适应度函数由样本点误差的期望和布局构成的三角形的面积共同组成，一般情况下随着面积的增大，定位误差会减小，所以用除法将二者结合起来，目标函数为：

$$f(L_1, \ L_2, \ L_3, \ L_4, \ L_5, \ L_6) = \frac{S_{\triangle L_1 L_2 L_3}}{E(\delta_1, \ \delta_2, \ \delta_3 \cdots, \ \delta_n)} \quad (5-60)$$

其中，L_1，L_2，L_3，L_4，L_5，L_6 为定位点坐标；$E(\delta_1, \ \delta_2, \ \delta_3 \cdots, \ \delta_n)$ 为 n 个样本点的误差期望；$S_{\triangle L_1 L_2 L_3}$ 为 L_1，L_2，L_3 所构成的三角形的面积。

定位布局优化的数学模型为：

$$F(L_1, \ L_2, \ L_3, \ L_4, \ L_5, \ L_6) = \max f(L_1, \ L_2, \ L_3, \ L_4, \ L_5, \ L_6) \quad (5-61)$$

$$s. t. \begin{cases} \Delta L_i \sim N(\mu, \ \delta^2), \quad i = 1, \ 2, \ \cdots, \ 6 \\ L_i \in U(\text{Layout}) \end{cases} \quad (5-62)$$

其中，F 为适应度函数；ΔL_i 为随机定位误差；$U(\text{Layout})$ 为定位布局约束。

2）基于遗传算法的定位布局优化

（1）种群和个体。

在布局方案优化过程中，一个布局方案就是一个个体（染色体），染色体由基因构成，基因用来表示优化问题的解。通过式（5-63）的计算可获得个体的适应值。多个布局方案构成一个种群（Pop），一个种群所包含的个体的数量为种群的大小，一般来说种群的规模越大越好，但是随着种群规模的增大运算时间也会加长。

（2）基因编码。

定位点的每个坐标都是实数，解决连续实数优化问题时常用浮点编码，浮点编码适用于范围变化较大的、精度要求较高的数。同时，浮点编码必须保证基因值在给定的区间限制范围内，遗传算法中所使用的交叉、变异等遗传算子也必须保证其运算结果所产生的新个体的基因值也在这个区间限制范围内。用定位点的坐标作为编码，个体 m 的基因编码为：

$$\text{Layout}^m = \{ L_1^m(X_1^m, \ Y_1^m, \ Z_1^m), \ L_2^m(X_2^m, \ Y_2^m, \ Z_2^m), \ \cdots, \ L_6^m(X_6^m, \ Y_6^m, \ Z_6^m) \}$$

$$(5-63)$$

（3）交叉和变异。

遗传算子模拟了创造后代的繁殖过程，包括交叉和变异，交叉率 P_c 是各代交叉产生的后代与种群的个体的比；变异率是控制新基因进入种群的比例。

两个父代 Layout^m 和 Layout^n 产生一个子代的交叉计算过程为：

$$\text{Layout}^s = \begin{cases} L_1^s\left(\dfrac{2(X_1^n + X_1^m)}{3}, \ \dfrac{2(Y_1^n + Y_1^m)}{3}, \ 0\right) \\[2mm] L_2^s\left(\dfrac{X_2^n + X_2^m}{3}, \ \dfrac{2(Y_2^n + Y_2^m)}{3}, \ 0\right) \\[2mm] L_3^s\left(\dfrac{X_3^n + X_3^m}{3}, \ \dfrac{Y_3^n + Y_3^m}{3}, \ 0\right) \\[2mm] L_4^s\left(\dfrac{2(X_4^n + X_4^m)}{3}, \ 0, \ \dfrac{2(Z_4^n + Z_4^m)}{3}\right) \\[2mm] L_5^s\left(\dfrac{X_5^n + X_5^m}{3}, \ 0, \ \dfrac{2(Z_5^n + Z_5^m)}{3}\right) \\[2mm] L_6^s\left(0, \ \dfrac{2\ (X_6^n + X_6^m)}{3}, \ \dfrac{2(Z_6^n + Z_6^m)}{3}\right) \end{cases} \qquad (5-64)$$

变异是在染色体上自发产生的随机变化。Layout^m 变异的计算过程如下：

$$\text{Layout}^t = \begin{cases} L_1^t(2X_1^m, \ 2Y_1^m, \ 0) \\[2mm] L_2^m\left(\dfrac{X_2^m}{2}, \ 2Y_2^m, \ 0\right) \\[2mm] L_3^m\left(\dfrac{X_3^m}{2}, \ \dfrac{Y_3^m}{2}, \ 0\right) \\[2mm] L_4^m\ (2X_4^m, \ 0, \ 2Z_4^m) \\[2mm] L_5^m\left(\dfrac{X_5^m}{2}, \ 0, \ 2Z_5^m\right) \\[2mm] L_6^m\ (0, \ 2Y_6^m, \ 2Z_6^m) \end{cases} \qquad (5-65)$$

若交叉和变异计算的子代坐标值超出了取值范围，可强制将其改变为取值范围的边界值。

（4）选择策略。

采用正比选择，即每个个体被选择进行遗传运算的概率为个体的适应值与种群适应值的比。适应值低的个体也有机会进入下一轮，以保持种群的多样性。

（5）主要步骤。

基于遗传算法的定位布局优化过程主要包括以下步骤：

步骤1：初始化，即对种群大小、种群中的个体、交叉率、变异率的初始设定。

步骤2：判断终止条件。

步骤3：计算个体适应值，个体适应值累积得到种群适应值。

步骤 4：选择进行遗传运算的个体。

步骤 5：遗传运算，产生新种群。

按照求解流程，逐次迭代，对各定位布局产生误差的求取期望，找到期望最小的定位布局，如图 5.31 所示。

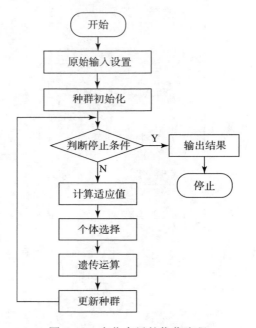

图 5.31　定位布局的优化流程

3）定位误差计算及优化实例验证

工件实例如图 5.32 所示，工件上要加工特征的设计尺寸和公差已经给出，

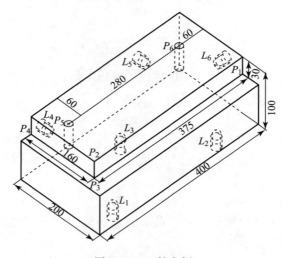

图 5.32　工件实例

本次装夹需要加工两个孔和两个台阶，分析 5 个不同的定位布局方案，从中找到定位误差最小的定位方案。

由于孔和台阶的精度要求较高，将一些孔和台阶特征上的点选作样本点。此处台阶上的样本点是 $P_1(0，160，60)$，$P_2(375，160，100)$，$P_3(400，200，60)$，$P_4(375，0，60)$，孔特征的样本点是孔圆心的位置 $P_5(340，60，100)$ 和 $P_6(60，60，100)$。

设置初始种群数量为 100 个，迭代次数为 17。图 5.33 显示了遗传算法的迭代次数与种群适应值的关系。

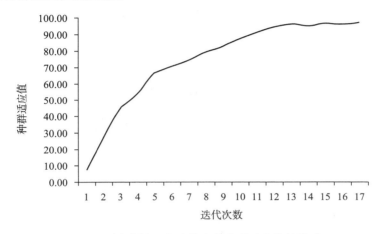

图 5.33　遗传算法的迭代次与种群适应值的关系

表 5.8 显示了最后一次迭代时种群中适应值最高的 6 个个体及其适应值。

表 5.8　定位布局和适应值

布局号	L_1	L_2	L_3	L_4	L_5	L_6	适应值
布局 1	(400，200，0)	(0，200，0)	(265，0，0)	(375，0，75)	(40，0，100)	(0，70，70)	0.9763
布局 2	(400，200，0)	(0，200，0)	(270，0，0)	(300，0，100)	(60，0，80)	(0，75，75)	0.9680
布局 3	(400，200，0)	(0，200，0)	(250，0，0)	(375，0，75)	(50，0，90)	(0，75，75)	0.9507
布局 4	(400，200，0)	(0，200，0)	(280，0，0)	(370，0，100)	(80，0，75)	(0，75，75)	0.9322
布局 5	(400，200，0)	(0，200，0)	(290，0，0)	(360，0，100)	(90，0，100)	(0，50，50)	0.8911
布局 6	(400，200，0)	(0，200，0)	(200，0，0)	(350，0，100)	(0，0，100)	(0，75，50)	0.8443

5.5.2　装夹稳定性校验分析

在夹具设计中，需要考虑工件在装夹和加工过程中的稳定性，以确保安全性和加工精度。在实际生产中发生过因装夹稳定性不足而导致工件飞出造成事故的案例。在很多情况下也会发生由于工件滑移，工件与定位元件发生相对移动造成定位失效，从而导致工件加工超差，工件报废的现象。因此必须开展工件的装夹稳定性校验分析，以提高工件的装夹稳定性。

这一部分介绍了 CAFDV 中夹具稳定性分析的方法，分析了装夹稳定性的影响因素，给出了夹具布局稳定性评价方法。

1. 影响装夹稳定性的因素

在夹紧工件的过程中多个因素影响装夹稳定性，与工装稳定性关系最密切的是工装元件的布局。夹紧元件与支撑元件直接与工件接触，所以夹紧布局和支撑布局与工件的装夹稳定性密切相关。另外元件与工件接触的类型也是影响装夹稳定性的重要因素，同时也不能忽略工装系统的刚度和振动对稳定性的影响，如图 5.34 所示。

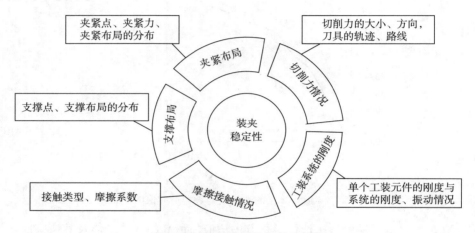

图 5.34　装夹稳定性的影响因素

工装布局设计决定了装夹稳定性的大部分要素。这些要素包括夹紧力、夹紧点的数目、支撑反作用力、支撑点的数目、定位元件接触点的数目、定位元件受力的大小，元件接触点的摩擦力、工件在加工时受到的切削力等。一般而言，装夹稳定是说定位元件与工件的接触力在任何时候都不为 0，若定位元件的接触力为 0，则表明定位元件与工件没有接触，工件和工装元件产生了刚性滑移，导致定位失效。装夹稳定还包括各个夹紧元件的接触力不为 0，某个工装元件与工件的接触力在工作状态时为 0，则表明该工装元件功能失效，没有对工装起到积极作用，这也意味着其他工装元件要比正常状态承受更多载荷，这有可能导致进一步的不稳定状态[69]。

夹紧力对工艺系统的稳定性和变形有很大影响，过大的夹紧力会导致系统变形严重，过小的夹紧力会导致系统失稳，所以理想的夹紧力在保证系统稳定的条件下应尽量小。

装夹稳定性与工装定位点、夹紧点、辅助支撑点的位置和数目选择有关。有经验的设计者结合机械加工工艺能够很快判断出适合安排夹紧点的工件表面，并能快速地确定夹紧点的疏密程度。确定夹紧点的位置和疏密程度后安排辅助支撑的位置和数目，他们往往能够找到既不会影响工件定位又不会在加工、安装过程中产生干涉的辅助支撑位置。

对于一个工件，不同的夹紧布局、定位布局、辅助支撑布局将会对装夹稳定性起到关键作用。夹紧布局直接与夹紧力、夹紧点数目、夹紧点之间的距离有关系。除此之外还有工装元件与工件的接触类型，实验表明不同摩擦系数对装夹稳定性也产生了重要影响。

2. 工装布局对装夹稳定性的影响

对具体某个工件的设计工装而言，一个设计者可以很顺利地进行工装设计，但是对这个工装能否在加工过程中满足稳定性的要求进行预判断时则显得比较困难。设计员往往不能在第一时间分辨稳定性的情况，这是因为判断过程比较复杂，判断装夹稳定性时要考虑工装本身的布局情况及加工时切削点受力后的稳定性情况。对于工装布局，一般会估计夹紧点之间的距离、夹紧点的数目是否足够多、夹紧布局是否均匀、辅助支撑点是否均匀、支撑元件的数目等情况。通过对这些信息的评估，可以判断出装夹稳定性的情况[42]。

夹紧点和支撑点的分布均匀程度，在不同类型的工件中会有不同的表现。在不同的夹紧布局中这些因素将会相应变化，但是对于同一类相似工件的工装布局，这个变化不明显，甚至不存在。

可以用一种比较模糊的方式将工装设计员的这种评估方法描述出来。工装布局的模糊描述包括夹紧布局、支撑布局、工件信息、定位布局等因素[43]。

（1）夹紧布局信息：夹紧点数量（Clamp Point Number，CPN）、夹紧点之间的平均距离（Clamp Point Distance，CPD）、平均一个夹紧点覆盖的面积（Clamp Point Area，CPA）、单个夹紧点施加夹紧力的平均大小（Clamp Force，CF）、夹紧点之间的最小距离平均值（Clamp Point Minim Distribute，CPMD）。

（2）工件信息：工件在夹紧方向上投影的最大面积（Workpiece Projection Area，WPA）。

（3）支撑布局信息：支撑点数量（Support Point Number，SPN）、支撑点之间的平均距离（Support Point Distance，SPD）、平均一个支撑点覆盖的面积大小（Slamp Point Area，SPA）、支撑点之间的最小距离平均值（Support Point Minim Distribute，SPMD）。

对于一个工装，可以用单位面积上的夹紧点数、单位面积上夹紧力的大小、夹紧点的平均距离、夹紧点位置分布的均匀情况、单位面积上的支撑点数、支撑点的平均距离、支撑点位置分布的均匀情况来描述其是否合理。

$$\text{Layout} = \left\{ CPA, \ \frac{CPA}{CF}, \ CPD, \ CPMD, \ SPA, \ SPD, \ SPMD \right\} \quad (5-66)$$

$$CPA = \frac{WPA}{CPN} \quad (5-67)$$

$$SPA = \frac{WPA}{SPN} \tag{5-68}$$

$$CPD = \frac{\sum_{j=1}^{CPN} \sum_{i=1, i \neq j}^{CPN} CD_{ij}}{C_{CPN}^2} \tag{5-69}$$

$$SPD = \frac{\sum_{j=1}^{CPN} \sum_{i=1, i \neq j}^{CPN} SD_{ij}}{C_{CPN}^2} \tag{5-70}$$

$$CPMD = \frac{\sum_{i}^{CPN} CD_i^{\min}}{CPN} \tag{5-71}$$

$$SPMD = \frac{\sum_{i}^{SPN} SD_i^{\min}}{SPN} \tag{5-72}$$

其中，$SD_i^{\min}$ 表示第 i 个支撑点距离其他支撑点的最小距离；SD_{ij} 表示第 i 个支撑点与第 j 个支撑点之间的距离；$CD_i^{\min}$ 表示第 i 个支撑点距离其他支撑点的最小距离；CD_{ij} 表示第 i 个夹紧点与第 j 个夹紧点之间的距离。统计多个航空梁类零件工装，得出工装布局数值范围，见表 5.9。

表 5.9　工装布局统计分析结果

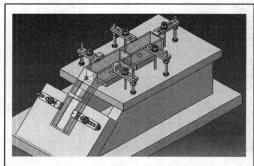

Layout$_{Case7}$ = {4457, 2.229, 201.6, 57.98, 10400, 169, 141}

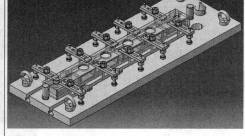

Layout$_{Case2}$ = {1950, 0.975, 216.69, 24, 3250, 210, 90}

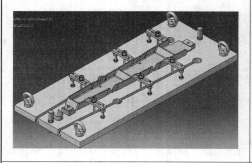

Layout$_{Case5}$ = {9333.3, 4.667, 258.74, 112.43, 15333, 100, 73}

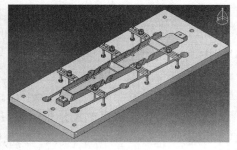

Layout$_{Case4}$ = {9333.3, 4.667, 242.32, 81.67, 15333, 100, 73}

续表

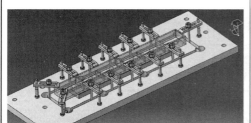

Layout$_{Case3}$ = {2907.69，1.4538，237.46，
59.01，7560，233.3，100}

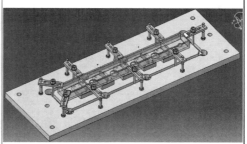

Layout$_{Case6}$ = {4200，2.1，275.34，
58.58，7560，233.3，100}

从表 5.9 的计算结果可以看出梁类零件工装的夹紧和支撑布局在统计数值上存在规律。夹紧布局越密集，CPA 值越小。对于航空梁类零件，CPA/CF、CPD 和 $CPMD$ 在一个较小的范围内变动，CPD 大致在 200 左右。$CPMD$ 大概在 120 左右。SPA 随着支撑点的密集程度而减小。SPD 和 $SPMD$ 同样介于一个较小的范围内。若一个工装统计数据和上述实例相比数据变化较大，即可认为其装夹稳定性有待进一步考虑。

综上所述，对于一类相似的工件，装夹方案在 CPA/CF，CPD、$CPMD$、SPD、$SPMD$ 等数值统计方面基本一致，稳定性情况也具有相似性。所以对一类零件的工装经过多次模拟实验后得出的数据结果可以作为工装信息的参考数据，在以后的设计中可以认为偏离参考数据的工装方案稳定性有待提高。

3. 工装布局稳定性综合评价

仅仅给出工装布局值还不足以清晰地看出装夹稳定性的情况，所以提出用一个综合指标评价布局稳定性。综合评价指标是将 Layout = $\left\{ CPA, \dfrac{CPA}{CF}, CPD, \right.$ $\left. CPMD, SPA, SPD, SPMD \right\}$ 中的数值逐个归一化，然后将归一化的数值累加后获得一个综合性指标。

Layout 中 CPA，$CPMD$，SPD，$SPMD$ 的值越小则工装越稳定，这 4 个值均在固定的区间内变动，可以用 $1 - \dfrac{x}{x_{max}}$ 的形式归一化，其中 x 和 x_{max} 分别表示要归一化的值和区间最大值。而 Layout 中 $\dfrac{CPA}{CF}$，CPD，SPD 的值则在一个固定值附近波动，距离该固定值越远则工装越不稳定，可以用 $1 - \dfrac{2|x_0 - x|}{x_1}$ 形式归一化，其中 x，x_0，x_1 分别表示要归一化的值、固定值和波动范围。

归一化后进行累加，那么评价总值在 7 以下，得分越高则表明工装布局越稳定、合理，评分太低则需要查看设计方案是否合理。上述航空梁类零件的综合评价指标计算结果见表 5.10。

表 5.10　航空梁类零件的综合评价指标计算结果

Layout	Case 7	Case 2	Case 5	Case 4	Case 3	Case 6
综合评价	4.1	5.6	1.9	2.3	4.6	4.0

5.5.3　薄壁工件 – 夹具系统变形分析及控制

由工件 – 夹具所组成的系统是工艺系统的子系统，其结构刚度对工件，特别是薄壁件的加工精度和加工质量的稳定性有着重要的影响。如何对工件夹具系统进行设计、分析和性能改善，以此来提高工件的加工精度和加工质量，一直以来都是人们努力研究的课题。在过去的 30 年中，"精加工（near net shape manufacturing）"[44][45][46][47] 的提出，以及目前较为流行的绿色制造的出现，引起了人们对精加工工序的重视。由锻造或铸造而成的零件和其最终的形状基本相近，这使得后序工步一次加工变得可能，然而这却可能导致精加工的加工余量较大（2.5～5mm），使工艺系统承受较大的切削力，而较大的切削力会引起包括工件、夹具在内的整个工艺系统的变形，从而改变工件和刀具的相对位置，使实际加工量和理论值不符合，产生表面加工误差[48]。为了提高加工精度，人们对工件 – 夹具系统开展了广泛而深入的研究。

基于薄壁工件 – 夹具系统变形分析的加工精度控制，利用最小模量原理建立工件 – 夹具系统的动力学模型来分析系统的稳定性和以稳定性为约束的夹紧力优化；以动力学分析的结果为力边界条件，建立工件 – 夹具系统的有限元分析模型，分析薄壁工件在加工过程中的变形情况；以变形量为基础建立加工变形的误差计算模型，给出变形所引起的加工误差计算方法；以提高加工精度为目标，建立基于神经网络的切削参数优化模型，以此来提高零件的加工精度。

1. 工件 – 夹具系统的动力学模型

从运动学的角度讲，夹具包括定位元件、夹紧元件和辅助支撑等，它们限定工件的自由度，使工件在空间中处于一个确定的加工位置。而在切削力、夹紧力和重力等外力的作用下，工件因夹具元件的受力变形（主要是定位元件的变形）而产生了刚体位移，改变了工件相对刀具的正确加工位置，使得加工余量和理论值不符合，从而引起加工误差，如图 5.35 所示。

对于通常的三维工件，其夹具必须有至少 1 个夹紧元件和 6 个定位元件，以保证所有的定位元件都和工件接触，即保持加工过程中工艺系统的稳定性，使工件不发生滑移。在考虑摩擦力的情况下，假如有 m 个夹紧元件和 n 个定位元件，则有 $(2m+3n)$ 个未知反力（通常大于 6 个），此时工件的受力平衡方程为静不定的（静力平衡方程只能有 6 个，求解 6 个未知量），不能用常规的静力平衡

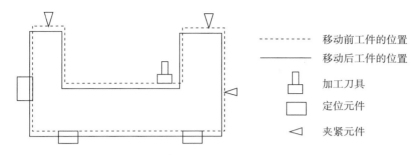

图 5.35　工件刚体位移示意

方法来求解工件的受力情况。本书以力螺旋为基础，采用最小模量原理方法来分析工件 – 夹具系统的受力状况。

　　力螺旋是一个力和一个方向与之平行的力偶矩的组合，可以把一个复杂的力系化为一个简单的等效力系。力螺旋主要包括两个方面的内容：一是空间中任一刚体的任何运动都可以用绕空间的一条直线的转动和沿着这条直线的移动来描述；另一个是作用在一个刚体上的任何一个力系都可以分解为沿着一条直线方向的作用力 $\boldsymbol{F}^G$ 和绕该直线的一个力偶 $\boldsymbol{M}^G$，即用一个力螺旋来表示[49]。力和力偶可分别用力螺旋的长度和螺距来表示，如图 5.36 所示，就像一个螺旋一样，力螺旋因此得名。

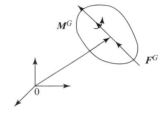

图 5.36　力螺旋示意

　　为了分析的方便，将空间中任意一个力螺旋都分解到三个坐标轴来表示。假设工件上任意一点（P_x^G，P_y^G，P_z^G）受到力 $\boldsymbol{F}^G$ 的作用，$\boldsymbol{F}^G$ 对工件作用的力矩为：

$$\begin{cases} M_x^G = F_z^G \cdot P_y^G - F_y^G \cdot P_z^G \\ M_y^G = F_x^G \cdot P_z^G - F_z^G \cdot P_x^G \\ M_z^G = F_y^G \cdot P_x^G - F_x^G \cdot P_y^G \end{cases} \tag{5-73}$$

那么在该点沿三个坐标轴的力螺旋可写为：

$$\boldsymbol{W} = \begin{bmatrix} F_x^G \\ F_y^G \\ F_z^G \\ M_x^G \\ M_y^G \\ M_z^G \end{bmatrix} = \begin{bmatrix} 1 & 0 & 0 \\ 0 & 1 & 0 \\ 0 & 0 & 1 \\ 0 & -P_z^G & P_y^G \\ P_z^G & 0 & -P_x^G \\ -P_y^G & P_x^G & 0 \end{bmatrix} \begin{bmatrix} F_x^G \\ F_y^G \\ F_z^G \end{bmatrix} \tag{5-74}$$

其中，F_x^G，F_y^G，F_z^G 为力 $\boldsymbol{F}^G$ 在三个坐标方向的分力；M_x^G，M_y^G，M_z^G 为绕三个坐标轴的力矩。图 5.37 所示为工件力螺旋示意。

　　根据力螺旋定理[50]：空间任一刚体处于平衡状态时其所受到的所有力螺旋

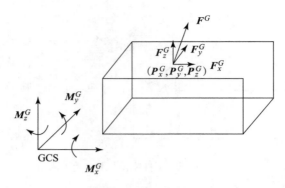

图 5.37　工件力螺旋示意

的矢量之和应该为零，即

$$\sum W = 0 \tag{5-75}$$

　　工件所受到的作用力主要包括切削力、夹紧力、定位元件的支反力、摩擦力以及工件本身的重力，这些力从不同的方面影响系统的稳定性，也是引起工件夹 – 具系统变形的主要原因。由此可以得出工件在加工过程中所受到的力平衡方程如下：

$$\sum_{i=1}^{n} F_{Ri} + \sum_{j=1}^{m} F_{Pj} + \sum F_f + F_c + G = 0 \tag{5-76}$$

$$\sum_{i=1}^{n} (r_{ri} \times F_{Ri}) + \sum_{j=1}^{m} (r_{pj} \times F_{Pj}) + \sum (r_f \times F_f) + r_c \times F_c + r_g \times G + T = 0 \tag{5-77}$$

其中，F_c 为切削力；F_{Ri} 为第 i 个定位元件对工件作用的支反力；F_{Pj} 为第 j 个夹紧元件对工件作用的夹紧力；G 为工件的重力；T 为切削扭矩；r_c 为切削力的位置矢量；r_f 为摩擦力的位置矢量；r_g 为重力的位置矢量；r_{pj} 为第 j 个夹紧元件的夹紧力的位置矢量；r_{ri} 为第 i 个定位元件反力的位置矢量。以上两式均为矢量和。

　　根据在弹性力学中的变形体的虚功原理：变形体中满足平衡的力系在任意满足协调条件的变形状态上所作的虚功等于零，即变形体外力的虚功与内力的虚功之和等于零。数学表达为：

$$\delta(U - W) = 0 \tag{5-78}$$

其中，U 表示变形体的变形势能，W 表示外力在变形体上所作的虚功，δ 表示对其变分。对刚体来说，不会发生变形，因此其内力虚功为 0，只有外力虚功。由此可得最小模最小模量原理[51]：对于一个受到给定载荷的刚体，在所有可能的平衡力系中，真实的平衡力系应使该刚体所受力的力模量之和最小。力模量就是力的平方，其中包括已知力和未知力，未知力是与刚体相接触的物体为平衡该刚体上所作用的已知力，而对该刚体所产生的支反力。该定理在数学上应用力螺旋的形式表示如下：

$$\text{Minimize：} \sum \boldsymbol{F}_w^{\text{T}} \boldsymbol{F}_W \tag{5-79}$$

$$\text{Subjectto：} \sum \boldsymbol{W}_w + \sum \boldsymbol{W}_y = \mathbf{0} \tag{5-80}$$

其中，$\boldsymbol{F}_w$、$\boldsymbol{F}_w^{\text{T}}$ 为刚体上所作用的未知力及其转置，即为未知力的平方和；$\boldsymbol{W}_w$、$\boldsymbol{W}_y$ 为未知力和已知力的力螺旋。可以用最小模量原理来计算作用在刚体上的未知力的大小。该原理从本质上叙述了一个刚体在受到确定载荷的情况下所有可能的平衡力系，而这种确定载荷的解对于平衡是一致的，从而导致最小力模量。

在工件-夹具系统中，对工件来说它所受到的已知力包括切削力、夹紧力、重力等；未知力包括各定位元件对工件施加的支反力和该点的摩擦力、夹紧元件和工件之间的摩擦力。由此应用最小模量原理的方法可得如下工件受力求解数学模型：

目标函数：

$$\text{Minimize：} \sum_{i=1}^{n} \left[(\boldsymbol{F}_i^G)^{\text{T}} (\boldsymbol{F}_i^G) \right] + \sum_{j=1}^{m} \left[(\boldsymbol{F}_{jx}^G)^2 + (\boldsymbol{F}_{jy}^G)^2 \right] \tag{5-81}$$

考虑到工件的稳定性、力螺旋定理以及库仑静摩擦定理可得如下约束：

$$\text{Subject to：} \boldsymbol{W}_w + \boldsymbol{W}_n = \mathbf{0} \tag{5-82}$$

$$-F_{iz}^L < 0 \quad (i=1, \cdots, n) \tag{5-83}$$

$$(F_{ix}^L)^2 + (F_{iy}^L)^2 \leq (\mu F_{iz}^L)^2 \quad (i=1, \cdots, n) \tag{5-84}$$

$$(F_{jx}^L)^2 + (F_{jy}^L)^2 \leq (\mu F_{jz}^L)^2 \quad (j=1, \cdots, m) \tag{5-85}$$

其中 $\boldsymbol{W}_w = [F_{wx}^G, F_{wy}^G, F_{wz}^G, M_{wx}^G, M_{wy}^G, M_{wz}^G]^{\text{T}}$ 为外力螺旋，即由切削力、夹紧力等主动力对工件所作用的力螺旋；$\boldsymbol{W}_n = [F_{nx}^G, F_{ny}^G, F_{nz}^G, M_{nx}^G, M_{ny}^G, M_{nz}^G]^{\text{T}}$ 为内力螺旋，也即由各定位元件的支反力对工件所作用的力螺旋，其都在全局坐标（GCS）下；$\boldsymbol{F}_i^G$ 表示在全局坐标系下 i 个定位元件对工件所作用的力；F_{jx}^G、F_{jy}^G 和 F_{jx}^L、F_{jy}^L 分别为第 j 个夹紧点处摩擦力的两个分量在全局坐标系下和该夹紧点处夹紧坐标系下的表示；F_{jz}^L 为第 j 个夹紧点处的夹紧力；F_{ix}^L、F_{iy}^L 和 F_{iz}^L 为第 i 个定位点处定位件对工件的摩擦力的两个分量和正压力，其中 $-F_{iz}^L < 0$ 的物理意义为，定位元件不可能对工件作用负的压力，即拉力，这样工件的受力计算问题就可转化为有约束的最小化问题，从而利用最优化的方法来求解。

2. 基于工艺系统稳定性的夹紧力优化

夹紧力对工件-夹具系统的性能表现有很大影响，过大的夹紧力将导致工件发生变形，影响加工精度；而夹紧力过小，工件在动态切削力的作用下会相对定位元件发生刚体滑移，导致在加工中工艺系统失稳，这也会影响加工精度，甚至可能会引发安全事故。因此对夹紧力合理设定也是工艺系统设计的一个重要方面。在实际生产过程中，对夹紧力的设定大部分靠经验，有很大的随意性。因此，对工件-夹具系统进行研究，提出科学的夹紧力设定方法就显得十分必要。

目前，研究人员从不同的角度对夹紧力进行了优化计算[52][53]。本书从保证工艺系统稳定性的前提条件出发，提出了优化夹紧力的新方法。该方法在保证工艺系统稳定性的基础上，尽量减小对工件所施加的夹紧力，能有效减小工件因夹紧而产生的变形，提高零件的加工精度。

如果要使加工中工件不发生刚体滑移，那么所施加的夹紧力应使每一时刻工件在每一个定位点处所受到的力方向在该处力摩擦锥角的范围内，如图 5.38 所示，图中 α 为摩擦锥角。

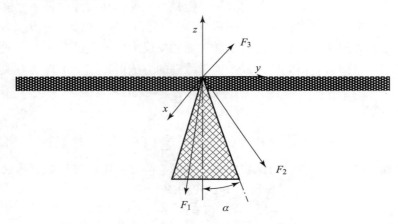

图 5.38　摩擦锥和定位稳定性

如图 5.38 所示，工件的受力可能有三种情况：F_1 指向工件的内表面，并落在摩擦锥（图中阴影部分）内，所以它将不会使工件和定位元件发生相对滑移；F_2 落在摩擦锥的外面，但仍指向工件的内表面，这将使得工件和定位元件发生相对滑移；F_3 指向工件表面之外，它将会使得工件和定位元件相互分离。对真实的定位接触点不可能出现第三种情况，即定位元件对工件接触面产生负的压力。摩擦锥角是通过临界摩擦力来定义的：

$$\mathrm{tg}(\alpha) = \mu \tag{5-86}$$

其中，μ 为定位元件和工件之间的摩擦系数。

为了方便分析，把接触点处的受力分解为正压力和摩擦力，那么在这一点处正压力和摩擦力应满足库仑摩擦定律。如前所述。如果在加工过程中，工件在每一个定位点处所受到的正压力和摩擦力都满足库仑摩擦定律，那么认为工件在加工中处于稳定的状态，可以据此来优化夹紧力。结合最小模量原理，可以得到如下夹紧力优化数学模型：

目标函数：

$$\mathrm{Minimize}: \sum_{i=1}^{n} \left[(\boldsymbol{F}_i^L)^{\mathrm{T}} (\boldsymbol{F}_i^L) \right] + \sum_{j=1}^{m} \left[(\boldsymbol{F}_j^L)^{\mathrm{T}} (\boldsymbol{F}_j^L) \right] \tag{5-87}$$

考虑到工件的稳定性、力螺旋定理以及库仑静摩擦定理可得如下约束：

$$\text{Subject to：} \boldsymbol{W}_w + \boldsymbol{W}_n = \boldsymbol{0} \tag{5-88}$$

$$F_{iz}^L > 0 \quad (i = 1, \cdots, n) \tag{5-89}$$

$$F_{jz}^L > 0 \quad (j = 1, \cdots, m) \tag{5-90}$$

$$(F_{ix}^L)^2 + (F_{iy}^L)^2 \leqslant (\mu F_{iz}^L)^2 \quad (i = 1, \cdots, n) \tag{5-91}$$

$$(F_{jx}^L)^2 + (F_{jy}^L)^2 \leqslant (\mu F_{jz}^L)^2 \quad (j = 1, \cdots, m) \tag{5-92}$$

该最优化问题的求解可用 Matlab 优化工具箱所提供的优化函数来实现。在计算机上几分钟就可以求出整个切削过程中各定位元件对工件的支反力、摩擦力和夹紧元件对工件的摩擦力，从而确定工件在加工中的受力状况。

3. 工件 – 夹具系统刚度计算

1）工件 – 夹具系统的有限元理论模型

假设工件和定位元件为弹性体，工件通过接触受到定位或辅助支承的约束作用，夹紧力施加在工件上以确保系统的稳定性并且对工件也有一定的约束作用。在各接触面有摩擦力存在，以抵抗外力的作用。从数学上来看，工件 – 夹具系统占据空间 $\Omega \subset R^3$，其边界为 $\Gamma = \Gamma_u \cup \Gamma_t \cup \Gamma_c \cup \Gamma_l$，$\Gamma_u$ 为工件 – 夹具系统的自由表面，Γ_t 为切削力的作用表面，Γ_c 为夹紧元件的作用表面，Γ_l 为定位元件和机床的作用表面。假设工件的位移为 V，工件边界 Γ_t 上作用切削力 f_t，工件边界 Γ_c 上作用夹紧力 f_c，定位元件边界 Γ_l 上作用支反力 f_l，如图 5.39 所示。

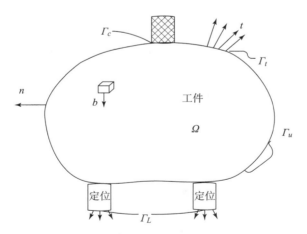

图 5.39　工件 – 夹具系统有限元理论模型

那么根据弹性力学和接触力学可得外力虚功为：

$$W(v) = \int_{\Omega} b(v) \, \mathrm{d}\Omega + \int_{\Gamma_c} f_c(v) \, \mathrm{d}s + \int_{\Gamma_l} f_l(v) \, \mathrm{d}s + \int_{\Gamma_t} f_t(v) \, \mathrm{d}s + \int_{\Gamma_{wl}} g \, \mathrm{d}s \tag{5-93}$$

其中，$b \in L^2(\Omega)$ 为体力矢量；g 为工件和定位元件之间的摩擦力。系统总的变形势能为：

$$U(v) = \int_{\Omega} \frac{1}{2} \boldsymbol{\varepsilon}^{\mathrm{T}} D \boldsymbol{\varepsilon} \mathrm{d}\Omega \qquad (5-94)$$

根据最小位能原理可得系统的泛函总位能：

$$\Pi_p = U(v) + W(v) \qquad (5-95)$$

由虚功原理以及变分原理，泛函 Π_p 取驻值的条件为它的一次变分为 0，$\delta\Pi_p = 0$，即

$$\frac{\partial \Pi_p}{\partial \alpha} = 0 \qquad (5-96)$$

这样可得到工件 – 夹具系统的有限元模型：

$$\boldsymbol{K\alpha} = \boldsymbol{P} \qquad (5-97)$$

其中，$\boldsymbol{K}$ 为系统的整体刚度矩阵；$\boldsymbol{\alpha}$ 为系统的位移阵列；$\boldsymbol{P}$ 为系统所受到的载荷。

2）工件 – 夹具系统的有限元计算模型

工件在切削力和夹紧力等载荷的作用下的变形，也即工件本身的刚度，可采用有限元的方法来计算。对于比较复杂的工件 – 夹具模型，可采用专用的三维设计软件如 Pro/E、UGNX、CATIA 等建立系统的三维实体模型，通过通用的图形接口标准如 STEP 或 IGES 等，将之转化为通用的格式导入有限元分析软件如 ANSYS 进行网格划分等，从而建立工件的有限元模型。分析的关键在于对边界条件的处理，也就是对定位和夹紧元件的处理，以及切削载荷的施加。如直接采用接触单元来处理工件和定位之间的接触问题，则计算需要多次非线性迭代，计算时间较长，效率较低。当工件形状复杂时则更不可取。本书采用如下方法：夹紧元件对工件的约束按力边界条件来处理，夹紧力为已知力，而夹紧元件和工件之间的摩擦力由第四章的动力学模型获得；切削力通过对切削过程的模拟来获得，也按力边界条件来处理；对于定位元件给予工件的约束，则按位移边界条件来处理，各定位处节点的位移量可以先按零值处理，即使这些单元给定位移的自由度方向上的刚度为无穷大。用有限元方法来计算在切削力和夹紧力作用下工件的变形量，从而求得工件的刚度。如果工件的刚度矩阵为 $\boldsymbol{K}$，则由有限元法可得：

$$\boldsymbol{K} \cdot \boldsymbol{U} = \boldsymbol{F} \qquad (5-98)$$

其中，$\boldsymbol{U}$ 为工件的节点位移矩阵；$\boldsymbol{F}$ 为工件上的载荷矩阵，为减少计算时间，对工件的有限元模型采用超单元的方法来划分。工件在切削加工点处的刚度可通过在该点处施加在切削力方向上的单位力，用有限元方法来求得工件在该点加工表面法向上的变形量 Δd_1。那么工件在该点的刚度为：

$$K_1 = 1/\Delta d_1 \qquad (5-99)$$

接触变形则按照上面所讨论的计算公式进行计算，得到各个定位处的接触刚度和定位元件的刚度，得到定位的整体刚度矩阵，从而求得工件在单位力作用下的刚体位移 Δd_2。同样可得定位元件在该点的刚度为：

$$K_2 = 1/\Delta d_2 \tag{5-100}$$

整个工件 – 夹具系统的刚度由上述两部分组成，如图 5.40 所示，可简化为串联的弹簧。

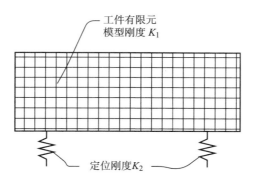

图 5.40 工件 – 夹具系统的刚度模型

因此工件 – 夹具系统在切削加工点处的总刚度 K 计算如下：

$$\frac{1}{K} = \frac{1}{K_1} + \frac{1}{K_2} \tag{5-101}$$

由刚度和所求得的载荷可以计算加工点处的变形，从而为计算该点处的加工变形误差奠定基础。以上分析针对切削加工过程中的某一时刻，对于工件 – 夹具系统的刚度计算方法，在整个切削过程中的不同时刻，系统刚度计算的方法都是相同的。

4. 误差分析及变形加工误差模型

工件 – 夹具系统中夹具元件的变形改变了工件的方位，也改变了固定在其上的工件坐标系（WCS）在全局坐标系（GCS）中的方位。工件的变形导致了工件上切削加工点相对工件坐标系（WCS）的位置改变。这些变形使得工件切削加工点的位置相对全局坐标系（GCS）发生了变化，最终也改变了工件表面生成点相对刀具的理论位置，使得该工序的加工余量发生改变，和理论要求的加工余量不符，由此产生了加工误差，如图 5.41 所示。

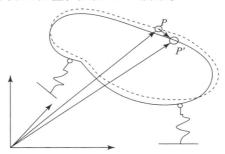

图 5.41 工件 – 夹具系统变形示意

并不是所有的工件－夹具系统的变形量都构成表面加工误差，只有在工件表面生成点处的变形才会构成该点处的表面加工误差。所谓表面生成点指的是某一时刻刀齿切过工件表面而生成的点，在端铣加工中，任一瞬时通常不只有一个刀齿参与切削，因此某一时刻表面生成点可能不至一个，切削加工的工件生成表面就是由一系列表面生成点所组成的。对端铣来说，表面生成点处的整个工件－夹具系统的变形量在表面法向方向上的分量，才构成表面误差。分析图 5.41，在工件坐标系下工件表面生成点 $\boldsymbol{P}_0^W$ 因工件变形改变了 $\Delta \boldsymbol{P}^W$，变为 $\boldsymbol{P}_1^W$，同时工件因定位元件的变形而发生了刚体位移，使得变换矩阵由 $\boldsymbol{T}^0$ 变为 $\boldsymbol{T}$，因此根据坐标变换有：

$$\boldsymbol{P}_0^G = \boldsymbol{P}_0^W \cdot \boldsymbol{T}^0 \tag{5-102}$$

$$\boldsymbol{P}_1^G = \boldsymbol{P}_1^W \cdot \boldsymbol{T} = (\boldsymbol{P}_0^W + \Delta \boldsymbol{P}^W) \cdot \boldsymbol{T} = (\boldsymbol{P}_0^W + \Delta \boldsymbol{P}^W) \cdot \boldsymbol{T}^0 \cdot \Delta \boldsymbol{T} \tag{5-103}$$

那么在该切削加工点处由工件－夹具系统变形所产生的加工误差为：

$$t_p = \vec{n}_d \cdot (\boldsymbol{P}_1^G - \boldsymbol{P}_0^G) = \vec{n}_d \cdot \left[(\boldsymbol{P}_0^W + \Delta \boldsymbol{P}^W) \cdot \boldsymbol{T}^0 \cdot \Delta \boldsymbol{T} - \boldsymbol{P}_0^W \cdot \boldsymbol{T}^0 \right] \tag{5-104}$$

其中，$\vec{n}_d$ 为基准面的法向单位矢量；$\boldsymbol{P}_0^G$、$\boldsymbol{P}_1^G$ 为表面生成点变化前后在全局坐标系（GWS）下的坐标位置点。

综合走刀轨迹上不同时刻 t 的所有表面生成点 $P(x(t), y(t))$ 处的误差，即得整个加工表面的动态加工误差模型 δ：

$$\delta = \{ t_p(x(t), y(t)) | P \in S \} \qquad (S\text{ 为加工表面}) \tag{5-105}$$

根据误差数据处理方法，如最小二乘法、最小区域法等，对所获得的误差数据进行处理，即可获得实际的加工误差。

5. 基于加工误差的切削参数优化

由工件－夹具系统的有限元模型 $\boldsymbol{K\alpha} = \boldsymbol{P}$ 可知，减小系统的变形误差有两种方法：提高系统的刚度矩阵 $\boldsymbol{K}$ 和减小系统所受到的载荷阵列 $\boldsymbol{P}$。从工艺成本的角度出发，减小载荷阵列 $\boldsymbol{P}$ 无疑工艺成本最小，而载荷阵列 $\boldsymbol{P}$ 和加工的切削参数密切相关。

对于给定的加工误差，选用合适的切削参数可以提高生产率，降低生产成本，保证加工精度。本书选用的切削参数为进给量 $f(\text{mm/齿})$ 和主轴转速 $n(\text{r/min})$（对于给定的刀具直径，它和切削速度成正比），它们为影响加工误差的主要切削参数，对其进行优化。当然也可以选择其他切削参数进行优化，优化的原理和方法都是一样的。

基于加工误差切削参数优化的数学模型为：

$$\min \quad \boldsymbol{\Phi} = \frac{1}{n \cdot f} \tag{5-106}$$

$$s..t \quad f_{\min} \leqslant f \leqslant f_{\max}, \ n_{\min} \leqslant n \leqslant n_{\min}$$

$$\tag{5-107}$$

$$T_L \leqslant \delta(n, f) \leqslant T_U$$

切削参数优化模型中的目标函数 Φ 并没有确切的物理意义，只是从定性角度，使得 n 和 f 的乘积尽可能大，因为这样可使加工效率尽可能高。而进给量 f 和主轴转速 n 应该在工艺系统所允许的范围之内。δ 为变形加工误差，其值应在规定的公差范围内，T_U，T_L 分别为工序公差的上下偏差。切削参数优化既能保证加工误差要求，又可实现较高的切削加工效率。

对上述优化数学模型用常规的方法进行求解是非常困难的，因为加工误差和切削参数之间的表达式 $\delta(n，f)$ 为高度非线性的，很难建立它们之间的解析表达式。本书采用神经网络的方法来解决该问题。神经网络的出现为基于变形加工误差的切削参数优化提供了一个新的途径。通过一定的网络训练，神经网络可用来拟合高度非线性的多个物理量之间的解析表达式，因此可用神经网络的方法来解决这一问题。

神经网络的训练用来拟合神经网络的输入和输出之间的函数关系，对其进行训练是获得这种函数关系的有效方法。在本书的切削参数优化神经网络训练中，对所选用的切削用量（进给量 f 和主轴转速 n）进行两因素的均匀实验设计，进行 CAE 的仿真分析后，可以得到每一组实验条件下的最大加工误差 δ，然后就可以对神经网络进行训练，从而利用经过训练的神经网络来建立加工参数和变形误差之间的关系。其具体流程如图 5.42 所示。另外当神经网络的输入为多维矢量时必须对输入进行归一化处理或初始化处理，方法如下：

$$x_i = \frac{x'_i - a}{b - a} \qquad i = 1，2，\cdots，N \qquad (5-108)$$

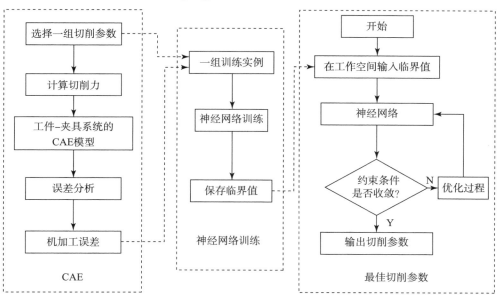

图 5.42　基于 CAE 和神经网络的切削参数优化流程图

其中，x'_i 为输入参数的实测值，在此为进给量 f 和主轴转速 n；x_i 为初始化后的值，表示各输入向量；a 为实测值 x'_i 中的最小值；b 为实测值 x'_i 中的最大值。经过训练之后就可以根据神经网络建立切削参数和加工误差间的关系，在此采用径向基神经网络，表示如下：

$$\delta = \sum_{i=1}^{m} w_{ik}R_i(f,n) \quad k = 1,2,\cdots,p$$

其中，p 为输出的神经网络的节点数，w_{ik} 为各节点的权重，$R_i(\ )$ 为神经网络的基函数，m 为神经网络的感知单元的个数。至此就建立了切削参数和加工变形误差的关系。

6. 实例

现以某发动机缸盖在实际的加工中存在加工超差的问题为例，尤其对其燃烧室面和喷油嘴面的端面铣削加工进行重点介绍。其平面度误差可达 $12\mu m$，如图 5.43 所示。

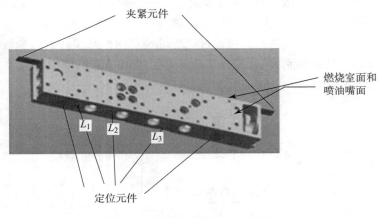

图 5.43　发动机零件——缸盖示意

分析原因发现工件变形对加工误差有很大的影响。由于减轻重量和结构设计的需要，工件本身属于薄壁类型零件，最薄处壁厚只有 6mm，很容易产生加工变形。而由于加工方式的特殊性，工件上端面中间不能有辅助支撑或夹紧装置。在该铣削工序中，工件的定位方式为"两孔一面"。定位支反力曲线如图 5.44 所示。

从图中可以看出定位支反力过大，但在整个加工过程中变化幅度不大，这说明夹紧力对定位支反力有过大的作用，因此应对该工件–夹具系统的夹紧力进行优化。加工中各个时间步时系统所需要的夹紧力如图 5.45 所示。

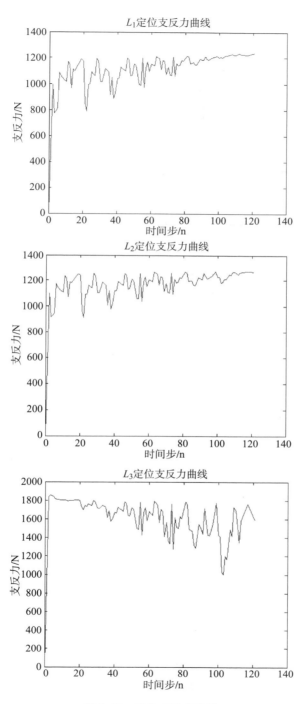

图 5.44　定位支反力曲线

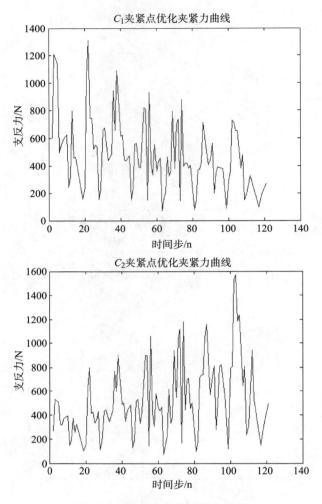

图 5.45　夹紧点优化夹紧力曲线

　　因此选取最大夹紧力并乘以安全系数 1.2 作为最大夹紧力。那么优化后实际中可以使用的 C_1、C_2 点夹紧力由原先的 2300N 和 2000N 调整为 1705.9N 和 2041.4N，分别减小了 25% 和增加了 2%。而定位 L_1、L_2、L_3 处的定位支反力分别由 1200N、1200N 和 1850N 下降为 900N、1000N 和 1850N，但仍能保证工艺系统的稳定性。优化后的定位支反力曲线如图 5.46 所示。

　　如果计算的误差超过设定的公差要求，可通过更改夹具的布局（增加辅助支撑或调整定位元件和夹紧元件的位置）或对切削用量进行优化的方式来减小加工误差。更改夹具的布局比较简单，不再多述。而优化切削用量包括均匀实验设计、变形量计算、偏差设定、优化和最终切削参数的输出等[54]。优化前的表面加工误差分布如图 5.47 所示。

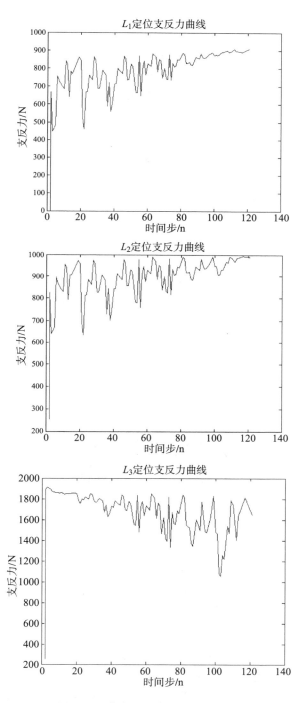

图 5.46 优化后的定位支反力曲线

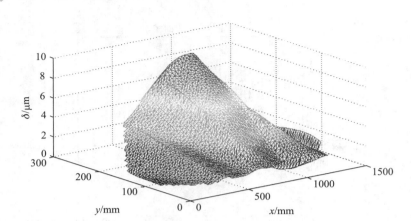

图 5.47 优化前的表面加工误差分布

通过实验设计并计算变形误差后，利用这些数据和设计好的径向基神经网络进行优化可得优化后的切削用量为：主轴转速——458r/min，进给量——0.10mm/齿。经验证优化后的表面加工误差分布如图 5.48 所示。最大误差为 5.5μm，精度提高了 42.7%。

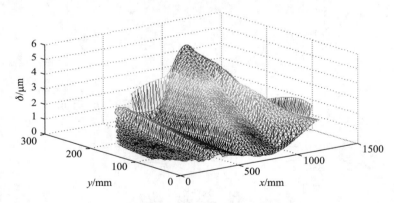

图 5.48 优化后的表面加工误差分布

5.6　工装数据库

工装数据库是工装设计的基础。一方面，工装数据库要对以前工装设计经验及已有工装设计成果进行存储，如工装实例库；另一方面，工装数据库要对企业已有的工装元组件进行保存，主要体现在工装元件库和组件库。工装数据库的组成及关系如图 5.49 所示。其主要包括设计实例库、元件库和组件库。

工装数据库的组织采用层级结构，最底层的是元件库，中层是组件库，顶层

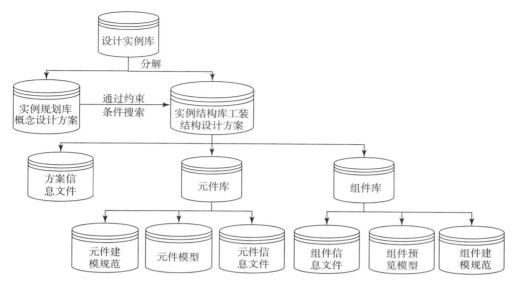

图 5.49　工装数据库

是设计实例库，各库之间既相互关联又相互独立。其能够通过清晰的层级关系实现工装的快速检索。组件库和元件库包含各种系列的常用元件和组件，各元件和组件都包含完备的信息。设计实例库包含实例规划库和实例结构库，实例结构库包含组件库和零件库中相应组件和零件的索引，同时还有该实例的具体模型，在进行实例检索时，选中实例便可以进行预览。

　　设计实例库包括实例规划库和实例结构库。实例规划库包括在实际中应用到的概念设计的实例，重要的是和定位原理有关的定位方法和定位点分布信息，并且有其他属性信息和工件对应。具体实现时，可对已形成的设计工装进行定位原理分析，确定其符合的定位原理类型，并进行提取，结合零件信息一并存储。实例结构库根据实例规划库的分类对实例工装的元件和结构进行存储，其关注的更多是与工装元件有关的信息（包括定位元件、夹紧元件以及它们的位置关系等），是对实例规划库的细化。

　　工装设计的实现过程是首先浏览由实例规划库检索到的概念设计，然后从实例结构库中搜索到相应的工装结构实例。因此，实例规划库的输出结果约束了对实例结构库的搜索，人们只检索那些符合定位原则的潜在解决方案。

　　图 5.50 描述了实例规划库的结构。它包括实际中用到的设计概念实例（即和定位原理有关的定位方法和定位点分布的信息）。实际主要有三种基本的定位方式：平面定位、孔销定位和外表面定位。对于每一种定位方式，下面又可以分解出很多细节。举例来说，平面定位"3 - 2 - 1"方式就可以分解出 7 种变化，如图 5.51 所示。

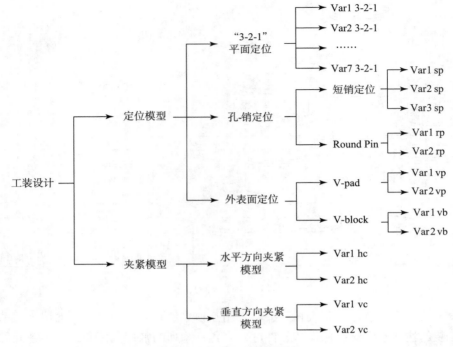

图 5.50 实例规划库的结构

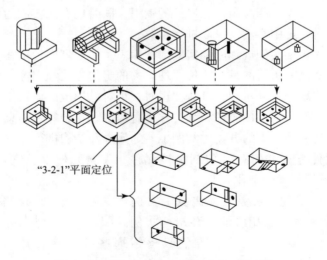

图 5.51 "3 - 2 - 1"定位方式的 7 种变化

平面定位的第三种变化是通过 6 个点来确定位置的，3 个定位点确定主定位平面，两个定位点确定第二定位面，最后一个点确定第三定位面。其中主定位平面上的定位点有相同的方向，但可以作用在不同的平面上，第二定位平面上的定位点也一样。一旦在实例规划库中找到相应的设计概念，就可以对实例结构库进行搜索，从而检索出合适的工装单元体并进行改动，而不必检索孔销定位等方式的元件，达到约束、缩小范围和快速检索的目的。

实例结构库包括的主要信息和单个工装单元体有关（包括定位单元和夹紧单元以及它们的使用位置等信息）。图 5.52 所示为实例结构库的部分结构分解，包括定位单元、夹紧单元、定位类型和工装底座类型，这些可以组成一套完整的工装。

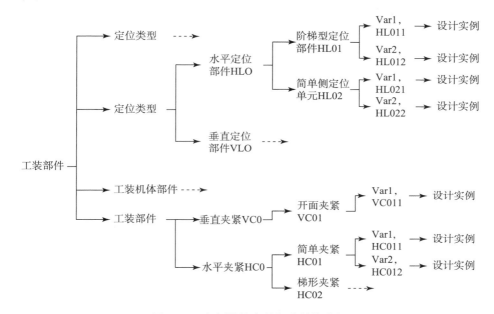

图 5.52 实例结构库的部分结构分解

图 5.52 中结构的下一层为上一层工装单元的细化设计，最后的叶节点为具体的元组件。例如，定位元件根据所能提供的方向分为两种（水平定位和垂直定位）。水平定位元件可进一步细化为两种类型，分别命名为 HL01（用于阶梯型定位元件）和 HL02（普通定位元件）。HL01 用在阶梯形工件且定位面下方存在凸出面的情况。HL02 用于定位面上方存在平面的情况，每一种定位情况都需要不同类型的定位元件，HL01 需要使用 L 型定位元件，HL02 需要使用塔形侧定位元件或者 L 型定位元件，如图 5.53 所示。

元件库是在对企业所用到的工装进行梳理分类的基础上，提炼出标准件和非标准常用件，按照标准工装元件的建模方法，定义元件模型内部各部分的逻辑关系，结合三维图形环境，设计标准件库，对各标准件的属性进行标识，提供直观的图形方式。标准件库采用开放的方式，以方便使用时模型库的扩充。元件库的组织形式如图 5.54 所示。首先从功能上进行划分，然后按类型方式进行划分，再然后按变异结构进行划分，最后的叶节点为具体的元件。

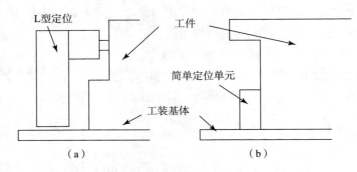

图 5.53　实例结构库的分解

（a）HL01；（b）HL02

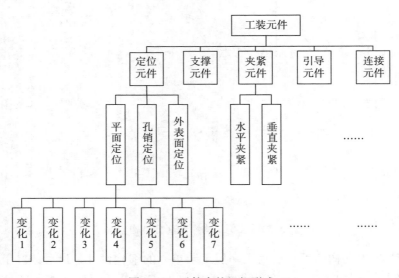

图 5.54　元件库的组织形式

　　元件库包括元件模型、元件信息文件以及元件建模规范。元件模型是创建好的元件的三维数模，是一个实体文件；元件信息文件有两类，一类是存储元件层级关系的，整个元件库只有一个这样的文件，检索元件时，先根据实例规划库的结果通过这个文件来找到具体的元件，另二类是对每一个标准元件，用文件存储元件的信息，包括以下内容：标准件的中文名称、标准件对应的三维模型名称、标准件的外部参数、标准件的内部参数、标准件的牌号及对应牌号的参数值、标准件的装配特征及装配关系等。通过存储元件关系的第一级文件先找到具体的元件，然后再进入对应的元件信息文件获得该元件的具体信息。

第六章

制造资源准备

6.1 引　　言

制造资源是企业中的设备、材料、工艺装备、人员以及产品生命周期所涉及的硬件、软件的总称。制造资源按其特征可以分为广义制造资源和狭义制造资源。广义制造资源是指完成产品整个生命周期的所有生产活动的软硬件元素的总称，即人、财、物的总和，包括设计、制造、维护等相关活动过程涉及的所有元素。狭义制造资源主要指加工一个零件所需要的物理元素，是面向制造系统底层的制造资源，它主要包括机床、刀具、夹具、量具和材料等。

制造资源在产品生产制造过程中起着至关重要的作用，是实现制造过程的物质基础保证。一方面制造资源的性能决定制造企业的生产能力，制造资源约束企业生产；另一方面合理有效地利用企业已有的制造资源，可以提高企业的整体经济效益。对制造资源科学进行有效的管理可以帮助缩短产品研制周期、节约设计成本，更重要的是可以协助产品制造有效完成，保证生产计划顺利进行。如何建立完善的制造资源管理体系，对现有的制造资源进行有效管理、高效利用，对企业的生产经营有着十分重要的作用。这些都要由数字化的生产准备环节来实现。

随着计算机在制造业应用的深入，计算机集成制造系统（CIMS）、并行工程（CE）、虚拟制造（VM）和敏捷制造（AM）等技术的不断发展，制造资源管理的模式也发生了转变。其从传统的手工模式转向以数字化为手段的资源优化配置。

制造资源中的设备和工装是企业实施制造过程的最直接、最重要的硬件保障。根据产品的工艺和技术要求选取合适的设备和工装是生产准备的重要内容，也是提高产品质量、降低生产成本的关键所在。本章讨论数字化环境下的制造资源管理方式。

6.2 设备管理与准备

生产过程中的机床等制造设备是制造资源中最重要的组成部分，是完成生产不可替代的制造资源，车间作为制造企业的物化中心，是制造计划的具体执行者。从技术层面和管理层面对设备进行数字化管理是保证生产得以顺利进行的必然要求。具体来讲有以下要求：

（1）工艺设计：工艺设计将安排工艺路线、制定工艺规程并生成数控加工刀位文件，它们均与设备资源有着密切的、不可分割的联系，因而这一过程至少涉及机床的类型、性能、规格、主要尺寸、刀具配置、加工精度、刀夹具的材料及尺寸规格等信息。

（2）生产计划：制定生产计划必须考虑工厂、车间及设备单元的生产能力，以及设备和加工单元的加工能力（包括机床和加工单元的加工工种、加工效率、可加工零件类型及尺寸范围、设备运行状态等），同时应考虑设备资源的概要数据（如名称、型号、生产厂家、购置价格、使用部门、安装和排放、操作和维修等），这些信息是进行固定资产核算、设备评估和产品成本核算的依据，也是工艺方案综合评价的依据。

（3）产品制造：产品制造过程是零件在具体的设备环境中被加工的过程，它与设备资源有着直接的联系，而且联系最密切，因此，产品制造过程所需要的设备资源数据更详细，设备数据交换更频繁，如在数控加工过程仿真中，设备的具体数据（工作台尺寸、刀具数据、坐标系结构、加工范围及联动情况等）是碰撞、干涉检验的依据之一。

6.2.1 设备管理基础工作

1. 数控设备特征信息模型

理想的设备信息模型应该满足下列要求[55][56]：

（1）简易性。模型符合工艺设计人员的习惯，具有良好的维护、扩充能力。

（2）灵活性。模型应能够根据具体制造环境，灵活地以多种形式描述各种机床资源，并便于知识的表达与处理。

（3）动态性。模型应具有一个动态数据结构，该结构应能够被修改并用于产品发展的各个阶段，模型应能够描述机床资源的静态特征，而且能够反映机床资源的动态特性，达到工艺设计与生产计划调度之间的信息共享、相互协调的目的。

（4）一致性。模型在各个应用环节都只有一种描述，不能改变。

（5）完整性。模型应能尽可能全面地包括设备的有关信息。

（6）安全性。对于模型数据应当通过一种有条理和安全的方法来存储，且存储方法应能保证数据操作的方便。

结合数控设备自身的特点，以及理想的设备信息模型应满足的要求，系统采用了特征建模技术来描述数控设备的特征信息。模型在兼顾设备静态特征的同时，也考虑了设备的动态特征，并为了提高系统使用的灵活性而加入了用户自定义设备特征。本书建立的数控设备的特征信息模型如图6.1所示。

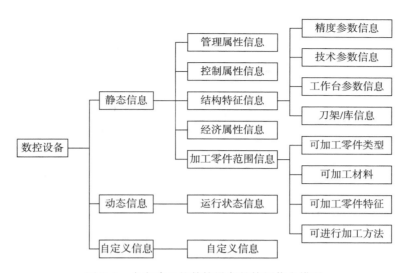

图 6.1　本书建立的数控设备的特征信息模型

如图所示，数控设备的特征信息模型主要由静态信息和动态信息组成，可以分为六大类：

（1）管理属性信息：其主要包括与设备资源管理相关的信息，如设备编号、设备型号、设备类型、生产厂家、所属车间等；

（2）控制属性信息：其主要包括与数控系统相关的信息，如数控系统类型、CPU 型号、存储容量等；

（3）结构特征信息：其是与设备加工能力有关的设备结构参数的信息集合，主要包括精度参数信息、工作台参数信息、刀架/库信息及其他技术参数信息等；

（4）经济属性信息：其主要包括台时费用、维护费用和人工费用等；

（5）加工零件范围信息：其主要是与可加工零件有关的信息集合，包括可加工零件类型、可加工材料、可加工工艺类型等；

（6）运行状态信息：其主要描述与实际生产相关的设备状态信息，包括任务列表、无故障运行时间等。

综上所述，该数控设备的特征信息模型综合定义了设备的静态信息参数和设备在生产过程中呈现的动态信息参数，不但满足了管理和工艺设计部门对设备静态特性参数的需求，也满足了制造系统中的生产调度对设备实时状态的需求。系统存储的所有数控设备的信息都根据模型划分成不同的特征类别，如图 6.2 所示，供用户查阅和系统使用。

2. 数控设备编码体系

由于系统要管理的设备种类繁多，且比较复杂，需要用规定的字符来代表复杂的设备名称、规格等设计参数和操作参数，避免文字叙述所带来的冗长及概念

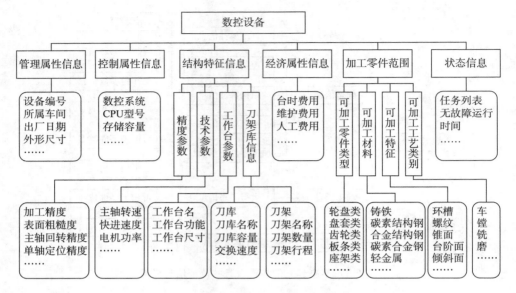

图 6.2　数控设备的特征信息模型内容

表达的多样性、多义性。因此，有必要引入一套设备信息编码，以减少存储空间，提高查询效率，这有利于系统对数据进行比较、检索和统计分析，以及用户进行统一管理和使用[57]。

为了更有效地管理设备信息，系统在数控设备特征信息模型的基础上建立了一套设备编码体系，目的是利用该编码直观地描述设备类型、主要参数和主要技术特征。设备编码结构见表 6.1。

表 6.1　设备编码结构

码位	1	2	3	4	5	6	7	8	9	10	11	12	13	14
	类型码				特征码								辅助码	
码位含义	分类代号	类代号	组代号	系代号	主参数		控制方式	精度等级	主轴功率	主轴转速	是否有刀库/架	是否有数控转台/分度头	设备来源	管理级别

本系统设计的设备编码体系采用了混合结构，这种编码结构具有树式结构和链式结构的共同优点，能较好地满足系统对设备类型、主要特征等信息的描述需要。其中类型码使用的是树状结构，具体内容参考了国家有关设备分类和代码的相关标准，包括 GB/T 15375—94《金属切削机床型号编制方法》、JB/T 9965—1999《锻压机械型号编制方法》、JB/T 3000—91《铸造设备型号编制方法》以及 JB/T 7445.2—1998《特种加工机床型号编制方法》等。特征码和辅助码使用的是链式结构，内容是根据设备的特征及管理的需要建立的。

需要指出的是，由于本系统设备编码的目的是反映系统内的设备信息而不是作为设备型号的唯一标识，所以具备相近参数信息的不同设备型号的编码可能会出现重复。例如设备型号为 CK1425F 的数控车床，其编码为 0C615012K21002，具体含义见表 6.2 所示。

表 6.2 设备编码含义举例

码位	1	2	3	4	5	6	7	8	9	10	11	12	13	14
类型		类型码			特征码								辅助码	
代码	0	C	6	1	5	0	1	2	K	2	1	0	0	2
代码含义	金属切削机床	车床	落地及卧式车床	卧式车床	该型设备主参数为"车身上最大回转直径"，其大小约为500mm	控制方式为：NC数控	精度等级为：0.01mm级	主轴功率为：≤16.0	主轴转速为：中速	具备刀库为：有刀库	数控转台/分度头为：无	设备来源为：国产	管理级别为：厂级关键

根据该编码体系，可以很容易地为数控设备编制相应的设备编码。该编码可以比较直观地反映出设备的类型及主要特征参数信息。

3. 相似设备查询

1）相似设备查询方法

在设备的具体使用过程中，可能会出现某设备型号下所有设备实例均暂时无法使用的情况，这时就需要找到与原设备型号参数相近的设备型号，还需要进行设备相似搜索。

相似设备搜索，就是在设备型号库中搜索与基准设备型号特征参数最接近的设备型号。本系统采用模糊相似推理方法来进行搜索，以保证能够搜索出合适的设备型号。

在选定基准设备型号和搜索参数后，按以下步骤计算其他设备型号与基准设备型号的相似程度，确定最终搜索结果：

（1）对搜索参数的值进行归一化处理，将数值范围统一映射在 $[0,1]$ 范围内。

（2）采用算术平均最小法[58]计算各个设备型号与基准设备型号之间的相似度，即计算特征的属性相似度 r_{ij}。

（3）建立对象间的相似关系，得到模糊相似关系矩阵 $\tilde{R}$。

（4）设定阈值 λ，采用编网法对模糊相似关系矩阵 $\tilde{R}$ 进行处理，实现对实例的筛选。

2）设备相似性模糊推理

设备相似性模糊推理的具体流程如图6.3所示，其过程如下：

（1）选择基准设备型号，并设置选择搜索要求，包括搜索范围——与基准设备型号同类型还是同组别、搜索参数——哪些特征参数与基准设备型号相似，以及搜索条件——目标设备型号的参数是大于还是小于基准设备型号。

（2）根据搜索范围和搜索参数，从所有设备型号中选出符合的设备型号作为待选设备集，然后根据搜索条件逐个计算待选设备型号参数与基准设备型号参数的相似度序列。

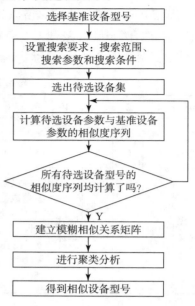

相似度序列是由待选设备型号参数和基准设备型号参数的相似度组成的一串数字，用户选定了几个搜索参数，相似度序列就包含几个元素。相似度是一个0~9的数字，可根据如下规则获得：

图6.3 设备相似性模糊推理的流程

①如果搜索参数内容为字符（如"莫氏4号"），则若待选设备型号参数与基准设备型号参数内容相同，相似度为9；反之，相似度为0。

②如果搜索参数内容为数字（如 X 轴重复定位精度），则根据图6.4所示的线形函数计算待选设备型号参数（设为 *featureInfo*）与基准设备型号参数（设为 *featureInfoOrigin*）的相似度。

$$Y=\begin{cases}(1-\dfrac{featureInfo-featureInfoOrigin}{featureInfoOrigin\times N})\times 9\ (featureInfo\geqslant featureInfoOrigin)\\[2mm](1+\dfrac{featureInfo-featureInfoOrigin}{featureInfoOrigin\times N})\times 9\ (featureInfo\leqslant featureInfoOrigin)\end{cases}$$

featureInfo：待选设备参数数值　featureInfoOrigin：基准设备参数数值

图6.4 相似度计算公式

其中，N 根据待选设备型号参数最值与目标设备的关系确定。

（3）为所有待选设备型号计算相应的相似度序列后，利用相似度序列建立模糊相似矩阵，采用编网法进行聚类，求得与基准设备型号相似的所有设备型号。

6.2.2　设备综合能力描述

1. 设备综合能力描述的基本思想

关于设备综合能力，目前还没有明确的概念，按一般理解，设备综合能力可以包括设备的加工能力、经济性、负荷能力以及设备安装刀具、夹具的能力等。在本研究中对设备综合能力的描述将主要考虑设备加工能力，即本研究中设备综合能力主要是指数控设备对零件某一或若干工艺特征的加工能力，其描述的是设备可产生的工艺方法及各方法所达到的精度和粗糙度等。由此可见，描述及评价设备的加工能力，实际上是在零件工艺设计知识与设备资源之间建立了联系。

2. 设备综合能力描述的具体内容

一般而言，任何零件都可以看成由若干个特征表面按一定的关系组合而成。特征表面是指包含完整工艺信息的、在制造阶段可以识别的形状结构单元。每一特征表面都对应一组加工特征参数，加工特征参数不仅能描述特征表面的形状、尺寸、精度、粗糙度等本身的几何与加工信息，而且还能描述零件各组成表面的相互关系和连接次序[59]。

设备综合能力决定了该设备是否可以用来加工某些零件特征，反过来能否加工某种零件特征也可以成为判断设备加工能力的尺度。因此可以通过零件特征与设备加工特征的匹配程度来描述和评价设备的综合能力，这就是本系统中对设备综合能力进行描述和评价的主要思想。其不仅适用于数控设备，也同样适用于非数控设备。具体到系统实现，就是判断加工设备是否具备零件加工所要求的加工方法，而且其加工尺寸范围、最高加工精度等特征参数能否满足零件工艺特征面的加工要求。这一过程由工艺人员来完成自然毫无问题，但由计算机来完成时，则会涉及零件工艺要求与设备加工尺寸范围与精度的对应关系问题，在本系统中，就是零件工艺特征与设备加工特征之间的匹配问题。

零件工艺特征与设备加工特征之间的匹配，就是在零件工艺特征表面的加工参数与相关设备的加工特征参数之间建立联系，确定每个零件加工参数应该对应何种设备类型的哪个加工特征参数[60]。

之所以可以进行零件特征与设备加工特征的匹配，首先是因为在现代制造体系中，零件从设计阶段就已经开始采用特征化设计，在加工阶段零件特征早已存在；其次，在长期的生产实践中，对每种特征所对应的各种加工表面应采用何种加工方案进行加工以达到令人满意的要求已得到了较全面的总结，并得到了广泛的认可，即人们对每种特征应由哪些设备、用什么方法来加工，已有共识。通过零件特征与设备加工特征的匹配，最终可以根据匹配的符合程度确定设备是否有加工该零件的能力。若符合程度达到预期的加工要求，则说明设备具备加工该零件的能力，反之则没有该能力。

下面介绍用设备能力矩阵描述设备加工能力的方法。该方法是基于制造资源选取决策的需要发展起来的描述设备加工能力的一种数学表达。在本系统中，直接采用零件成组编码中所描述的零件类型、材料等矩阵来设计设备的能力矩阵。表 6.3 所示，为本系统采用的"兵器零件分类编码系统"中零件类型分类编码的结构。

表 6.3　零件类型编码

			0	1	2	3	4	5	6	7	8	9	
0	回转体零件	盘、轮类	盖	防护盖	盘	法兰盘	分度盘、分油盘	带轮、滚轮	手轮	轮、毂	离合器体、联轴节	其他	0
1		环、套类	垫圈垫片	螺母	环	套	连接套、螺纹套	衬套	圆轴承座	缸筒、阀套	活塞	其他	1
2		轴、销类	销、堵、短圆柱	螺栓螺塞	圆柱、圆杆	短轴	长轴	丝杠、蜗杆	手把手柄	阀杆、阀芯	柱塞	其他	2
3		齿轮类	圆柱齿轮	内齿轮	锥齿轮	齿轮轴	复合齿轮、特殊齿轮	蜗轮	链轮、棘轮	圆齿条	摩擦片	其他	3
4		异型类	非直接头	异型盘、异型套	偏心件	扇形件、弓形件	叉形件	十字轴	回转凸轮	异型阀体		其他	4
5		特殊件											5
6	非回转体零件	杆、条类	杆、条	杠杆、摆杆	连杆、拉杆、撑杆	非圆轴	键、镶条	梁、臂	扳手	齿条	其他	弹簧类	6
7		板块类	板	盖板、护板	连接板、底板	块	拨叉、拨块	定位块、滑块	移动凸轮	阀块、阀体	其他	管类	7
8		座架类	座	轴承座、轴承盖	支座	底座、机座	架	支架	框架	机架	其他	钣金类	8
9		壳体类	容器	罩	壳	体	泵体	箱体	立体	机身	其他	非机加工件、焊接件	9
			0	1	2	3	4	5	6	7	8	9	

与之对应的，可以建立一个 10×10 的设备能力矩阵来描述设备零件类型的加工能力。例如某数控机床的加工零件类型矩阵为：

$$\begin{bmatrix} 1 & 1 & 1 & 1 & 0.5 & 0.5 & 0.5 & 0.5 & 0.5 & 0.5 \\ 1 & 0.5 & 1 & 1 & 0.5 & 0.5 & 0.5 & 0.5 & 0.5 & 0.5 \\ 0.5 & 0.5 & 1 & 1 & 1 & 0.5 & 0.5 & 0.5 & 0.5 & 0.5 \\ 0.5 & 0.5 & 0.5 & 0.5 & 0.5 & 0.5 & 0.5 & 0.5 & 0.5 & 0.5 \\ 0.5 & 0.5 & 0.5 & 0.5 & 0.5 & 0.5 & 0.5 & 0.5 & 0.5 & 0.5 \\ 0.5 & 0.5 & 0.5 & 0.5 & 0.5 & 0.5 & 0.5 & 0.5 & 0.5 & 0.5 \\ 0 & 0 & 0 & 0 & 0 & 0 & 0 & 0 & 0 & 0 \\ 0 & 0 & 0 & 0 & 0 & 0 & 0 & 0 & 0 & 0 \\ 0 & 0 & 0 & 0 & 0 & 0 & 0 & 0 & 0 & 0 \\ 0 & 0 & 0 & 0 & 0 & 0 & 0 & 0 & 0 & 0 \end{bmatrix}$$

每个矩阵元素代表着该数控机床对于该位置零件编码所代表的零件类型的可加工程度，该程度可以分为很适合加工（适应度为 1）、适合加工（适应度为 0.7）、可以加工（适应度为 0.5）和不可加工（适应度为 0）。当设备对某个特征的适应度大于 0.5 时，表示该设备可以加工该类型的零件；当适应度小于 0.5 时，表示不能加工或不适合加工该类型的零件。具体应用时，可以根据零件的编码在每个设备的能力矩阵中搜索出该设备对该零件类型的可加工程度，根据该程度筛选出可加工该零件类型的设备。

由于系统主要面向的是数控设备，而数控设备的一大特点就是加工范围广泛，所以仅用设备能力矩阵来描述设备能力显然不能满足要求，还必须辅以其他方法，这就是下面介绍的设备加工能力模糊评价。

6.2.3 设备综合能力评价方法

从零件工艺特征与设备加工特征之间的匹配关系入手，从两个方面实现设备综合能力的描述和评价：一方面，建立设备能力矩阵，对相对固定的零件类型、使用材料等，以零件编码结构为基础，用设备能力矩阵来描述设备对零件类型或材料的加工能力；另一方面，建立零件与设备之间的特征信息匹配规则，利用该匹配规则推导出设备对具体零件之间的对应关系，再结合其能力矩阵，将之共同作为评判因素进行模糊综合评判，最终得出设备对零件的综合加工能力。

1. 零件工艺特征与设备加工特征之间的匹配规则

在描述与评价设备综合能力时，其主要基础就是零件工艺特征与设备加工特征之间的匹配关系，所以如何制定两者间的匹配规则就成为本书研究的重点之一。

零件工艺特征的种类较多，且通过组合、分解还会出现很多变化，如果直接对零件特征、工艺特征和设备特征进行匹配，则需要编制的匹配规则将极其烦琐，不但初始工作量大，而且一旦有新特征加入或原有特征需要修改，还要再花费相当的时间去添加或修改涉及的规则，所以不能直接对零件工艺特征与设备特征进行匹配。为了提高效率，参照工艺人员选择设备的习惯，本书提出了"中间特征"的概念作为零件工艺特征与设备特征匹配的桥梁，即将特征匹配关系由"零件工艺特征 – 设备特征"改进为"零件工艺特征 – 中间特征 – 设备特征"。

"中间特征"是一个虚拟特征，它是由零件工艺特征中各个方向上相同尺寸类型的参数极限值组成的，即它并不存在于某个零件上。一个中间特征的参数包括以下几个数据——主尺寸、精度、方向、尺寸类型。其中尺寸类型为预先设定的，包括直线、孔直径、外圆直径、角度等。"中间特征"的范围一般只包括直线、孔直径、外圆直径等最基础的几何要素，不但数量较少，而且任何零件工艺特征都可以很方便地转化为中间特征。这样做的优点在于零件工艺特征可以方便地转化成中间特征，且中间特征与设备特征的匹配关系较为固定，一旦出现新的零件工艺特征或原有工艺特征出现改动，不用再进行大量的规则添加或修改工作，这使总的设置工作量远远少于直接匹配规则的设置工作量。

下面介绍匹配规则设置方法。

在定义"中间特征"的基础上，零件工艺特征与设备特征的匹配规则设置流程可以分为两部分——"零件工艺特征 – 中间特征"和"中间特征 – 设备特征"。

1）零件工艺特征 – 中间特征

对于一个零件在一道工序中加工的所有特征，取其零件坐标系中各个方向上的各个尺寸类型对应的尺寸最大值、精度最小值作为该零件在这道工序中加工的中间特征。

举例来说，对于某零件在一道工序中加工的所有特征，取其坐标系统中一个方向 D 上的一个尺寸类型 P（如直线）对应的所有尺寸的最大值 A、精度（上下偏差之差）的最小值 B，作为该零件在这道工序中加工的一个中间特征 mP，其具体数据包括主尺寸 A、精度 B，方向 D 和尺寸类型 P。

2）中间特征 – 设备特征

"中间特征 – 设备特征"的匹配关系可以简单概括为：中间特征根据设备类型、零件相对于设备的相对方向，对应其不同的设备加工特征，如图 6.5 所示。

其中相对方向是指以设备的工作台或主轴为基准，零件坐标系中的方向与设备之间的相对关系。设置结果，就是使尺寸类型 P 对于设备类型 E，在相对方向 R 上对应 E 的尺寸特征 A 和精度特征 B。通过该匹配规则，可以比较快捷地找到适合零件工艺特征加工要求的设备特征。

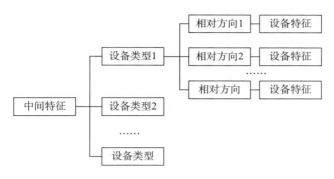

图 6.5　中间特征与设备特征的匹配关系

2. 设备综合能力评价方法概述

经过研究，系统采用较为成熟的模糊综合评价方法来进行设备综合能力评价。设备综合加工能力包含了较多因素，如果在评价时使用单级模糊综合评判算法，为每个因素赋予一定的权重，将会出现各因素权重过小而导致评判时某些因素被忽略的情况。因此，具体评价使用了两级模糊综合评判算法，将与设备综合加工能力有关的信息分为若干类，作为第二级模糊综合评判因素集，将每个信息类中的各信息作为第一级模糊综合评判因素集，具体设置如图 6.6 所示。

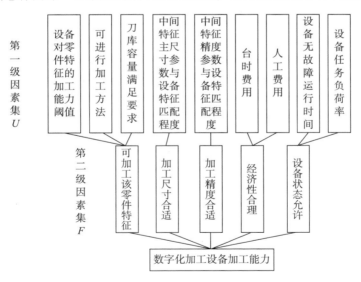

图 6.6　数控设备加工能力模糊综合评判因素集

在本系统中，模糊综合评判因素集由用户根据实际情况从图 6.6 所示的因素集中选择并设置；评判的备择集由所有参与评价的数控加工设备组成；评判的权重集通过专家评价法来得到。

3. 模糊综合评判因素集属性值的获取与模糊化

（1）模糊综合评判因素集属性值的获取类型。设备综合能力模糊综合评价能够准确实施的前提和关键，是获得正确的评判因素属性值。评判因素属性值的获取类型可以分为以下三种情况：

第一种类型，其属性值为数值型，且需要进行设备特征与零件或工艺特征间的匹配，比如特征的各项几何参数。这类属性值一般采用比值法获得，且保证小于1。

对于加工尺寸相关因素，其属性值为：

零件中间特征主尺寸参数/对应设备尺寸特征参数；

对于加工精度相关因素，其属性值为：

对应设备精度特征参数/零件中间特征精度参数。

以数控车床为例，其车床的最大加工直径为52mm，而所要加工零件的最大直径为30mm，则评价初始值为：$\alpha = \dfrac{30}{52} = 0.377$。

第二种类型，其属性值为数值型，不需要进行设备特征与零件或工艺特征间的匹配，可直接采用该值，如经济性、设备状态因素的数值。

第三种类型，其属性值不是数值型，且存在两种或两种以上的情况，如设备的可加工特征、可加工材料等。这类属性需要根据具体情况和工艺要求进行赋值。若只存在两种情况，即满足要求和不满足要求，则满足条件时赋1值，不满足条件时赋0值；若存在两种以上的情况，则需根据具体要求赋值，如对零件工艺特征的可加工性，若某设备很适合加工该特征，则赋1值，若不能加工，则赋0值，介于可加工与不可加工之间的，则赋0到1之间的值，且值越大说明该设备越适合加工。

（2）模糊综合评判因素集属性值的规范化。由于因素集属性值的获取类型不同，其代表的意义和量纲都不同，为了消除不同的物理量纲对决策结果的影响，就需要对获得的因素集属性值进行规范化处理。可用以下三种方法分别对评价值进行规范化处理：

①对于效益型，属性值越大越好：$r_{ij} = \dfrac{a_{ij}}{\max\limits_{i}(a_{ij})}$，$i \in I$，$j \in J_1$；…；

②对于成本型，属性值越小越好：$r_{ij} = \dfrac{\min\limits_{i}(a_{ij})}{a_{ij}}$，$i \in I$，$j \in J_2$；…；

③对于区间型，使用梯形隶属函数来处理，如图6.7所示，属性值越接近某个固定区间 $[c, d]$ 越好：

$$A(x) = \begin{cases} 0 & (x \leqslant a) \\ \dfrac{1}{c-a}(x-a) & (a < x \leqslant c) \\ 1 & (c < x < d) \\ \dfrac{1}{d-b}(x-b) & (d \leqslant x < b) \\ 0 & (x \geqslant b) \end{cases}$$

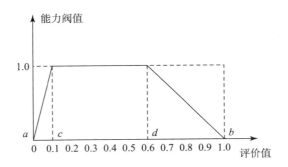

图 6.7　梯形隶属函数

经过规范化处理后，得到规范化矩阵：

$$\boldsymbol{R} = (r_{ij})_{n \times m} = \begin{bmatrix} r_{11} & r_{12} & \cdots & r_{1m} \\ r_{21} & r_{22} & \cdots & r_{2m} \\ \vdots & \vdots & \cdots & \vdots \\ r_{n1} & r_{n2} & \cdots & r_{nm} \end{bmatrix}$$

在此主要评判因素值获取类型及规范化方法：

①设备对零件特征的加工能力阈值：该值为用户提前设置好的数值。1 为很适合加工，0 为不适合加工，0 ~ 1 为适合程度介于很适合加工和不适合加工之间，数值越大表示越适合。该数值的获得类型为第三种类型，使用效益型方法进行规范化。

②可进行加工方法：设备具备该加工方法为 1，不具备该加工方法为 0。该数值的获得类型为第三种类型，使用效益型方法进行规范化。

③刀库容量：该值通过比较工序中需要的刀具数量与设备刀库（架）容量得到，如果前者大于后者，为 0；反之为 1。该数值的获得类型为第三种类型，使用效益型方法进行规范化。

④中间特征主尺寸参数与设备特征匹配程度：该属性值的获得类型属于第一种类型，需要进行设备特征与零件中间特征的匹配。其初始值获得公式为：

$$尺寸参数匹配程度初始值 = \frac{零件中间特征主尺寸参数}{对应设备尺寸特征参数}$$

该属性值可以使用区间型方法进行规范化。

⑤中间特征精度参数与设备特征匹配程度：该属性值的获得类型属于第一种类型，需要进行设备特征与零件中间特征的匹配。其初始值获得公式为：

$$尺寸参数匹配程度初始值 = \frac{对应设备精度特征参数}{零件中间特征主精度参数}$$

该属性值可以使用区间型方法进行规范化。

⑥台时费用、人工费用：两者的数值由用户提前设置。该数值的获得类型为第二种类型，可用成本型方法进行规范化。

⑦设备无故障运行时间、任务符合率：这两个值的获得类型都属于第二种类型，由生产监控部门提供。其中前者用效益型方法进行规范化，后者使用成本型方法进行规范化。

（3）数控设备综合能力评价流程。

在根据上面的方法获得评价所需要的评价因素集后，就可以开始进行数控设备综合能力的评价了。主要评价流程如图6.8所示。

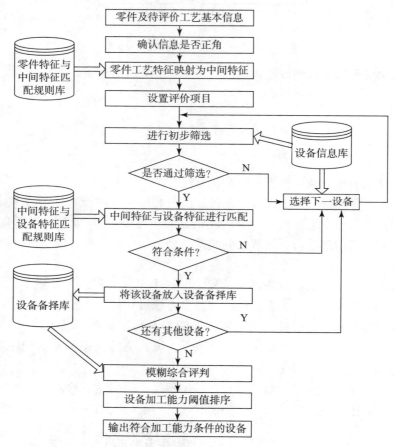

图6.8　数控设备综合能力评价流程

6.2.4　设备选择模型

（1）工艺设计部门得到零件的基本信息以及该零件需要评价的工序中待加工的零件工艺特征信息。用户首先根据实际情况确认这些信息是否准确，然后选择该工序计划使用的设备类型，根据事先设定好的匹配规则自动将该工序中加工的零件工艺特征映射为中间特征。

（2）设置评价规则。首先选择初步筛选项目，包括零件类型、零件材料、零件外形尺寸和零件重量；然后选择正式评价项目，即参加评价的第二级模糊评价因素，包括对特征加工能力、设备加工方法、刀库容量、加工尺寸、加工精度、经济性和当前状态；最后设置第二级评价权重，设置尺寸、精度规范化隶属度函数，设置判断设备具备加工能力应有的最小阈值。

（3）进行设备初步筛选及特征匹配。

为提高评价效率，在进行正式评价前，先进行一次初步筛选。初步筛选的对象是设备型号库中的可用设备型号，如果用户选择了该工序计划使用的设备类型，则筛选对象只包括用户所选设备类型的那些设备型号。

初步筛选的依据是设备对该零件的零件类型、材料的加工能力是否合格（根据设备能力矩阵），设备安装尺寸、工作台承重能否满足零件外形尺寸和重量的要求。例如对于加工中心，零件重量不能超过其工作台的最大承重；对于数控车床，不仅零件最大直径不能超过其最大回转直径，而且数控车床也不能加工非回转体类型的零件。

经过初步筛选，不符合要求的设备型号就被排除在正式评价之外，这样就可以节省评价时间，提高总体效率。一个设备型号在通过初步筛选后，首先根据匹配规则将步骤（1）中获得的零件中间特征与该型号的加工特征进行匹配。如果一切条件符合，该设备型号将被存入设备备择库，反之就被淘汰。

（4）进行设备综合能力正式评价——模糊综合评价。

在全部设备型号都完成以上步骤后，获得模糊综合评价的因素集（已在步骤（2）中选择且其属性值也在步骤（3）中得到并规范化）、权重集（已在步骤（2）中设置）和备择集（存入设备备择库的设备型号），可以进行模糊综合评价。调用算法模块进行模糊综合评价后，获得一个结果集合，这就是设备综合能力阈值序列。

（5）对评价结果进行处理，输出结果。

设备综合能力阈值序列中的元素描述了备择集中对应设备型号对待评价零件的加工能力。对该序列中的元素进行排序，凡是大于设备具备加工能力应有最小阈值标准的设备型号就被认为其综合能力符合该零件的加工要求，且阈值越大，表明符合程度越好。按能力阈值排好序的设备型号序列输出供选择。

6.2.5 设备选择案例

以图 6.9 所示台阶面零件为例，该零件的最大外形尺寸为 90mm × 90mm × 60mm，重量为 3.2kg，总工时为 20min（换刀时间以平均值计算）。表 6.4 所示为其加工工艺中的某道数控加工工序的保证尺寸，表 6.5 所示为 4 个待选设备型号的具体参数。

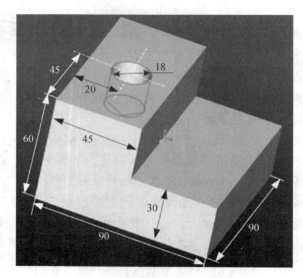

图6.9 台阶面零件示例

表6.4 零件工序

工步号	工步名称	尺寸/mm	刀具	尺寸方向	尺寸类型
1	铣平面	保证尺寸 $60_0^{+0.04}$	铣刀	Z	直线
2	铣平面	保证尺寸 $45_{-0.01}^{+0.03}$，$30_0^{+0.02}$	铣刀	Y、Z	直线
3	钻盲孔	孔直径 $\phi18H10$，深20，定位尺寸 $20_{-0.01}^{+0.01}$，$45_0^{+0.01}$	平头麻花钻	Z、Y、X	孔直径（刀具保证尺寸）、直线

表6.5 设备信息

特征项目	设备 A	设备 B	设备 C	设备 D
工作台尺寸/mm	460×1100	500×500	400×400	400×400
X，Y，Z 轴行程/mm	750，450，450	710，610，660	720，400，600	720，400，600
主轴端面距工作台 距离/mm	最大 737 最小 102	最大 687 最小 127	最大 596 最小 114	最大 596 最小 114
主轴最高转速/($\text{r} \cdot \text{m}^{-1}$)	5000	12000	10000	10000
工作台最大承重/kg	230	200	150	150
刀库容量/把	24	40	14	21
最大刀具长度/mm	249	360	250	250

续表

特征项目	设备 A	设备 B	设备 C	设备 D
最大刀具重量/kg	7	12	8	8
最大刀具直径/mm	$\phi80$	$\phi150$	$\phi70$	$\phi70$
重复定位精度/mm	±0.002	±0.001	±0.002	±0.002
台时费用/元	60	100	65	65
人工费用/元	10	15	12	10
无故障运行时间/h	4000	6000	5000	5000
任务负荷率	50%	70%	60%	90%

获得零件本身及其工序信息后，首先根据零件特征与中间特征的匹配规则，将加工的零件特征转化为中间特征，见表6.6。其中盲孔直径由刀具尺寸保证，且无精度要求，所以不转化为中间特征。

表 6.6　中间特征参数

中间特征编号	原零件工艺特征	主尺寸/mm	精度/mm	尺寸方向	主尺寸类型
1	平面	60	0.02	Z	直线
2	平面	45	0.02	Y	直线
3	平面	45	0.01	X	直线

完成以上步骤后，在图6.10所示界面中选择初评价和正式评价项目，本例中选择初评价项目为零件外形尺寸、零件重量，正式评价项目为加工精度、经济性和设备状态，然后对选定项目进行设置，如图6.11所示。

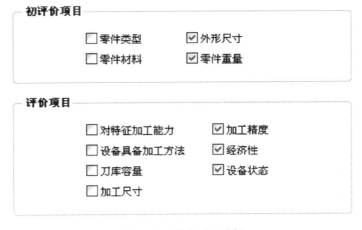

图 6.10　评价项目选择

判定设备加工能力符合要求的最小阈值

判定设备加工能力符合要求的默认最小阈值： 0.5　　　　　　　　　　　修改

评价项目权重分配

　　　　　　　　　　　　　　　　　　　　　　　　　　　　　　修改

评判因素	权值
加工精度	60
经济性	20
设备状态	20

可分配点数：0

精度评价隶属度函数设置

判定为"不能加工"的阈值下限a： 0

判定为"不能加工"的阈值上界b： 1

判定为"非常适合加工"的阈值下限c： 0.2

判定为"非常适合加工"的阈值上界d： 0.4

修改

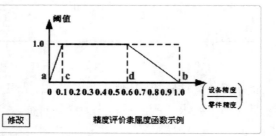

精度评价隶属度函数示例

图 6.11　评价项目设置

首先进行设备初步筛选，这 4 台设备的工作台尺寸规格和承重都满足要求，可以通过初步筛选，然后开始加工能力评价过程。根据用户的选择，以加工精度合适、经济性合理和设备状态允许作为评价因素集。

U 的各指标权重 $\tilde{A}_i$ 为：

$$\tilde{A}_1 = \begin{bmatrix} 0.33 & 0.33 & 0.33 \end{bmatrix};\quad \tilde{A}_2 = \begin{bmatrix} 0.8 & 0.2 \end{bmatrix};\quad \tilde{A}_3 = \begin{bmatrix} 0.5 & 0.5 \end{bmatrix}$$

二级评价的权重为

$$\tilde{A} = \begin{bmatrix} 0.6 & 0.2 & 0.2 \end{bmatrix}$$

根据表中各属性值，可以得到各评判矩阵：

$$\tilde{R}_1 = \begin{bmatrix} 0.002/0.02 & 0.001/0.02 & 0.003/0.02 & 0.004/0.02 \\ 0.002/0.02 & 0.001/0.02 & 0.003/0.02 & 0.004/0.02 \\ 0.002/0.01 & 0.001/0.01 & 0.003/0.01 & 0.004/0.01 \end{bmatrix};$$

$$= \begin{bmatrix} 0.1 & 0.05 & 0.15 & 0.2 \\ 0.1 & 0.05 & 0.15 & 0.2 \\ 0.2 & 0.1 & 0.3 & 0.4 \end{bmatrix};$$

$$\tilde{R}_2 = \begin{bmatrix} 60 \times 0.4 & 100 \times 0.4 & 65 \times 0.4 & 65 \times 0.4 \\ 10 \times 0.4 & 15 \times 0.4 & 12 \times 0.4 & 10 \times 0.4 \end{bmatrix} = \begin{bmatrix} 24 & 40 & 26 & 26 \\ 4 & 6 & 4.8 & 4 \end{bmatrix};$$

$$\tilde{R}_3 = \begin{bmatrix} 4000 & 6000 & 5000 & 5000 \\ 0.5 & 0.7 & 0.6 & 0.9 \end{bmatrix}$$

根据属性的不同，选择不同的正规化方法，处理后得到：

$$\tilde{R}_1 = \begin{bmatrix} 0.5 & 0.25 & 0.75 & 1 \\ 0.5 & 0.25 & 0.75 & 1 \\ 1 & 0.5 & 1 & 1 \end{bmatrix} （以属性值在区间［0.2，0.4］为最适合加工）；$$

$$\tilde{R}_2 = \begin{bmatrix} 1 & 0.600 & 0.923 & 0.923 \\ 1 & 0.667 & 0.883 & 1 \end{bmatrix};$$

$$\tilde{R}_3 = \begin{bmatrix} 1 & 0.667 & 0.800 & 0.800 \\ 1 & 1 & 1 & 0 \end{bmatrix}$$

之后进行模糊综合评判，求得第一级评判结果：

$$\tilde{B}_1 = \tilde{A}_1 \circ \tilde{R}_1 = [0.63 \quad 0.3 \quad 0.77 \quad 1];$$

$$\tilde{B}_2 = \tilde{A}_2 \circ \tilde{R}_2 = [1 \quad 0.613 \quad 0.915 \quad 0.938];$$

$$\tilde{B}_3 = \tilde{A}_3 \circ \tilde{R}_3 = [0.5 \quad 0.833 \quad 0.900 \quad 0.400]$$

第二级评判结果：

$$\tilde{B} = \tilde{A} \circ \tilde{R} = [0.678 \quad 0.472 \quad 0.862 \quad 0.866]$$

由以上步骤得到的设备综合能力阈值可以得出，设备选择排序为设备 D、设备 C、设备 A、设备 B。由于设定的设备具备能力的最小阈值为 0.5，所以最终判定设备 D、设备 C、设备 A 的加工能力满足零件的加工要求，其中设备 D 为第一选择，设备 C、设备 A 为第二、第三选择。最终结果符合实际选择情况，说明评价方法有效。

6.3　工装配备及管理

作为企业生产能力的重要体现，工装资源直接应用于零件的加工、部件的装配和检测等制造过程，是生产制造活动中不可缺少的执行者和参与者，工装资源是生产活动中最活跃的因素之一。工装资源的管理水平直接影响产品的生成成本、加工质量和生产效率，对生成现场的工装资源进行管理是生产准备的一项重要内容。

如何在工装资源信息化的基础上，将工装资源的使能和状态信息与服务对象关联，进行全过程动态管理，不断改善工装资源的运行状态，同时根据工艺决策和生产计划调度需要对工装资源配置进行智能优化，提高工装资源的使用效率，降低制造成本，实现工装资源的科学管理和合理配置，是工装管理和准备的基本要求。

工装资源管理与准备，针对制造系统中的工装资源使用阶段，以提高生产过程中工装的使用效率、使用的合理性和保证生产顺利进行为目标，在对工装信息建模的基础上，对工装资源进行标识、采集和处理，将工装资源的使能、状态信息与服务对象关联，进行使用全过程的动态跟踪管理，不断改善工装资源的运行状态，同时根据工艺决策和生产计划与调度的需要对工装资源配置进行智能优化。这实现了工装资源信息的跟踪管理与优化配置，使相关系统提高了工装信息支撑，改善了在不确定性和复杂性的制造系统中工装资源的管理效率，降低了工装资源的应用成本，从而提高了企业的生产效率和竞争力。工装资源管理与准备主要包括工装资源信息建模及跟踪采集管理、工装资源优化配置和工装资源快速配备等。

6.3.1　工装资源信息建模及跟踪采集技术

全生命周期管理的思想缘自经济管理领域，经过不断地发展拓展至工程领域，最终演化成当前在业界推广和应用最为成功的产品全生命周期管理（Product Lifecycle Management，PLM）。工装全生命周期管理是指从工装需求提出、计划制定、设计、制造、采购到库管、使用、检修和报废整个生命周期业务过程的管理与协同活动，是一种围绕工装各生命阶段进行集成化管理的方法。全生命周期管理理念在工装管理领域的引入，将工装应用的各活动阶段紧密联系到一起，还可在统一的集成环境下实现各工装涉及部门间相应工装信息的共享，以便显著加快工装生产准备速度，提高产品质量，降低工装成本，从而有效提升企业竞争力。

信息化是工装全生命周期管理的基本要求，对工装资源进行信息建模及跟踪采集是工装准备的基础工作。工装信息的跟踪采集即在工装应用过程中及时、准确地收集和记录相关工装数据。工装现场状态信息的实时跟踪采集是工装管理的核心，也是实现工装资源优化配置的重要前提。

1. 工装全生命周期管理业务流程分析

采用 IDEF0 建模方法建立工装全生命周期管理的顶层功能模型，以便清晰地描述其功能活动及相互联系[61][62][63]，如图 6.12 所示，工装全生命周期管理首先融入了产品工艺、产品生产计划以及工装供应商信息，再由相关人员和部门应用各类工装业务管理规则和策略来完成各自的任务，并输出工装需求、设计、制造、采购、库存和使用等各类关联应用信息。

为了具体描述和研究工装全生命周期管理各阶段的任务和关联，本书进一步细分顶层模型，建立工装全生命周期管理过程模型，如图 6.13 所示。

（1）工装需求管理：车间工艺员首先依据生产任务编制生产工艺文件，然后在通盘考虑车间加工能力、工装库存数量和产品生产计划等约束条件的情况下，确定所需工装的类型和对应数量，并提出工装需求申请。

（2）工装计划管理：车间工艺员和库存管理员根据需求申请和库存信息得出需要追加的工装，为其中的通用工装编制采购计划，然后确定专用工装的设计和制造计划。最后由生产准备部门对相关计划进行审核和修改，再将工装设计、制造和采购任务分发给工装设计室、工具制造厂和物资供应部的相关人员。

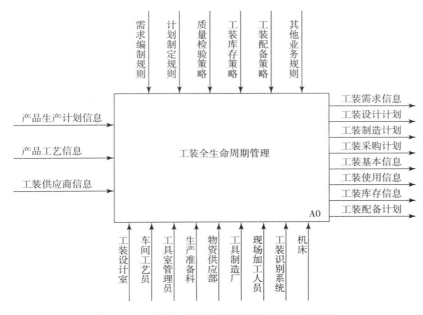

图 6.12　工装全生命周期管理的顶层功能模型

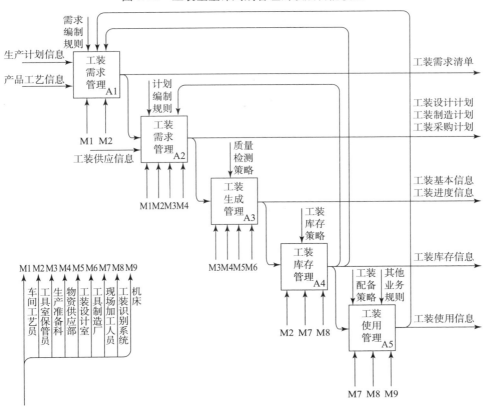

图 6.13　工装全生命周期管理过程模型

（3）工装生产管理：工装设计室、工具制造厂和物资供应部根据工装月度计划分别执行设计、制造和采购任务，并由系统存储和管理生成的工装技术参数等基本信息和生成进度信息，其中进度信息应及时反馈给生产准备科和工装使用车间等相关部门。

（4）工装库存管理：通用工装到货或专用工装制成后，对相关工装及工装零部件进行标识、入库和统一管理。工装的库存管理主要包括新工装入库、借还、盘点和回收等业务活动，它们可存放于工装立体库或车间机床处。

（5）工装使用管理：通过工装信息采集系统获取工装的位置、寿命和状态等实时信息，并结合生产计划和产品工艺的需求执行工装配备以满足加工需求，还要修复可维修工装，报废无法修复和到达寿命限制的工装，以降低工装的使用和维护成本。

2. 工装编码技术研究

当前许多制造企业应用中的工装编码系统一般只标识工装类型信息，无法区分同批次工装中的不同个体。随着精益生产和数字化集成制造的理念推广和应用，仅提供工装类型粒度的区分愈加显得不够精细且不合时宜。由于工装种类繁多、参数各异，而且在存储、应用和维护等环节对其特征信息需求的深度和侧重面不同，因此工装特征的全面描述和适时准确的信息采集都必须建立在统一的和标准的工装编码体系的基础上，通过对工装的单品级标识，即为每个工装的个体特征参数赋予计算机可以识读的唯一和规范的标识码，随后才能在后台数据库存储工装的更具体的信息，以实现工装信息的多应用部门服务、共享和交换。

对工装特征信息进行分类编码需要根据实际的需求进行，虽然其编码长度没有统一的定式，但根据信息分类的原理和相关的国家标准，一个科学的工装信息分类编码体系必须遵循以下六个原则：

（1）系统性原则。工装编码体系一般根据制造系统的复杂程度和信息系统的具体要求来制定，考虑企业设计、工艺、管理及制造等功能部门的需求进行系统地确定，并与企业总体制造资源的分类描述相适应[64][65]，以做到各个子编码系统协调吻合、不重不漏。

（2）稳定性原则。在确定标识对象时，选择工装信息最稳定的本质属性，增加的特殊参数码位尽量不影响整体的码位安排，以保证已确定的分类和编码结构在较长时间内不变更。

（3）标准化原则。在工装信息分类和编码结构的设计过程中，应尽量与有关的国际、国家、行业和企业标准接轨。

（4）唯一性原则。除了要求信息对象的标识码在整个领域相关应用范围内具有唯一性之外，在同类工装中的个体分类编码也应是唯一、无二义的。

（5）可扩展性原则。应能够方便地对已确定的工装分类和编码结构进行扩展，以便适应不断演进的应用需求。

（6）适用性原则。工装的代码设置应尽量符合已经形成的分类和编码习惯，以便于记忆和应用。

本书根据上述工装资源编码原则，并在结合项目实际、参考国家相关的信息分类和编码标准[66][67]，的基础上，采用了层次码与参数码相结合的编码结构，如图 6.14 所示。

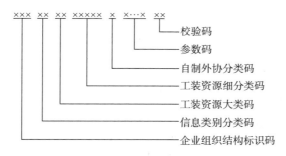

图 6.14 工装资源信息编码结构

企业组织结构标识码位于最顶层，用于表达最高一级所属关系，采用 3 位分类码；信息类别分类码用于表示工装在整个企业资源类别中占有的大类码，长度为 2 位数字，例如工装资源的分类编码为 24；工装资源大类码是表示工装资源信息特征的大类代码，大类是工装资源的顶层分类，如刀具、夹具、量具、辅具、模具等；工装资源细分类码是在工装资源中的某一大类的基础上进行类别细分，可进一步表示工装的具体特征；自制外协分类代码取值为 0、1 和 2，其中 0 表示采购件，1 表示外协件，2 表示自制件；参数码用于在同种工装中进行特征参数和个别标识，参数相同时增加顺序号；校验码位于最底层，用于检验录入的编码信息的准确性，其数值参照 GB/T17710 标准计算。

上述工装编码方法既考虑了与企业已有的编码体系的结合，又能很好地用于标识工装资源的个体，从而为工装资源信息的后续应用打下了坚实的基础。

3. 工装资源信息建模

工装资源信息建模旨在提供一种统一描述和表达工装应用的各阶段和各环节属性特征的方法，其不仅要实现工装管理业务活动过程中的信息共享，还要兼顾其他外部应用系统对工装资源信息的需求。此外，工装还具备种类和参数繁多、属性和功能各异的特点，仅像描述产品和零件一样用制造特征描述工装资源是远远不够的，因而工装资源模型不可能强求统一。本书参照工装资源的特点和应用背景，采用了特征建模技术，从以下五个方面描述工装资源信息，如图 6.15所示：

（1）管理属性信息：主要包括与工装资源管理相关的基础信息，如工装编码、工装型号、工装类型、数量、生产厂家、所属车间等。

（2）结构特征信息：主要描述工装的设计和结构属性信息，例如工装材料、几何参数、精度参数、寿命参数、设计图纸、装配信息等。

（3）加工特征信息：主要指与可加工范围有关的工装信息集合，包括适用机床清单、可加工工艺类型、可加工零件类型、可加工材料等。

（4）经济属性信息：主要包括初始成本、加工成本、库存费用、维护费用等。

（5）状态信息：主要描述与实际生产相关的工装状态信息，如任务清单、当前位置、可用性、剩余寿命等。

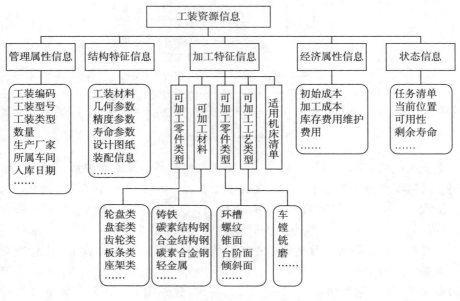

图 6.15　工装资源信息模型

4. 工装资源信息跟踪采集技术

生产现场的工装信息，包括工装的静态和动态信息，是多个生产部门为生产过程提供生产准备、生产运行、过程控制和性能分析的作业依据。由于工装信息的持续性和实时性，大量工装运行实时状态数据需要及时地汇聚存取，提供给不同层次直接使用，以利于业务人员根据需要方便灵活地制定各种生产计划。本书侧重研究工装信息采集、存取定位和信息处理技术。

准确高效的工装信息采集是工装资源优化配置和数字化制造系统可靠运行的前提和基础，其技术研究和应用在学术界和工业界获得了越来越广泛的重视。实现工装信息跟踪采集的关键技术为工装编码、工装标识、加工状态信息采集等技术。刀具作为一种较昂贵的消耗性工装资源，以种类多、参数杂、应用广而著称，其管理水平直接影响着企业的加工成本、生产效率和产品质量，而刀具信息的采集是刀具科学管理的重要基础。由于其他工装资源信息采集技术的实现原理与刀具信息采集相似，且考虑到刀具信息采集技术的代表性，本章主要以刀具为采集对象研究实现工装信息采集的关键技术。

1）基于射频识别的工装标识技术研究

目前常用的工装标识技术包括纸制卡片、一维条码、二维条码、激光标刻以及射频识别（Radio Frequency Identification，RFID）等。纸制卡片作为手工管理方式难以保证信息的实时性和准确性，且不合时宜。一维条码、二维条码和激光标刻均以条码技术为基础，而条码标签的读取需要视距传播，且易于破损、读取距离短、使用寿命短、抗干扰和保密性差。激光标刻技术尽管能克服传统条码技术的部分缺点，但需要在工装表面标刻永久性、难以更改的只读性条码，且无法直接跟踪和存储工装的过程数据。射频识别是一种利用射频信号通过空间耦合（交变磁场或电磁场）实现双向非接触信息传输以达到识别目的的自动识别技术。

本书采用的基于射频识别的工装标识系统由读写器、天线、标签和计算机系统四部分组成，其系统配置如图6.16所示。其中标签与被采集的工装相连，充当工装信息的载体；天线则用作标签与读写器之间传输数据的发射和接收装置；读写器可通过相应的有线或无线接口与天线互联，以接收和解码来自标签的工装数据，又可通过RS232、RS485、RJ45或Wi–Fi接口与作为上位机的计算机系统实现双向通信；上位机可通过中间件或相应配置软件控制或组态读写器，并管理和应用采集到的工装数据。

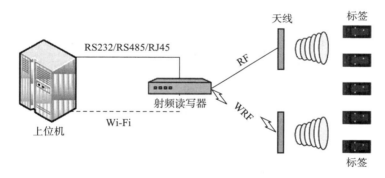

图6.16　射频技术识别系统的结构

在系统部署方面，用于标识的射频识别标签应根据工装几何特征和安装使用的可行性，在不影响加工和其他正常应用的前提下直接固定于工装上或盛有工装的托盘或周转箱处。图6.17所示为本书采用的一种射频识别标签安装方式，其中圆柱形的射频识别标签安装在刀柄凹坑处的圆孔内以便于标识刀具和存储用于跟踪管理的编码、剩余寿命、补偿值和当前状态等刀具信息。

此外，读写器及其天线可分别置于工装中心立体库的堆垛机和巷道出入口、对刀仪、机床刀

图6.17　射频识别标签的安装

库、主轴箱或其他适当的采集位置。读写器启动后会利用相连天线定期发送特定频率的射频信号，一旦带有射频识别标签的刀具或其他工装进入天线的工作区域时，标签会通过感应电流被激活，并以载波信号方式对外发射自带的工装信息。其所发射的信号经读写器天线接收后，经由天线的调节器传输给读写器，并由读写器进行解码转换，最后送往上位机系统。上位机可根据当前的工装应用流程，控制读写器对标签进行相应操作，以保证标签存储的动态信息与数据库信息的一致性。图 6.18 所示为基于射频识别的刀具信息采集示意。

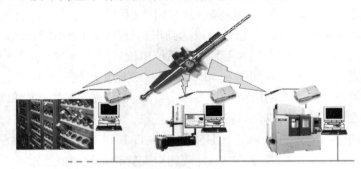

图 6.18 基于射频识别的刀具信息采集示意

2）工装在线信息采集技术

工装在线信息采集是工装信息采集的重要组成部分，工装在线信息主要指工装安装于数控机床后在加工过程中的动态信息，一般只能通过与数控机床的通信或辅助的检测手段加以获取。本书主要以刀具为对象开展工装在线信息采集技术研究，其中刀具几何参数信息由对刀仪测得，而刀具加工参数信息和使用状态信息则借助数控机床的数控系统实现采集。下面分别介绍本书研究的基于射频识别的对刀仪的刀具参数采集、基于宏指令的加工信息采集以及基于数控系统软件二次开发的加工信息采集等三种在线信息采集技术。

（1）基于射频识别的对刀仪的刀具参数采集。

对刀是当前获取刀具几何参数信息的主要手段，其一般包括对刀仪（又称为刀具预调测量仪）对刀和机床在线对刀两种方式。对刀仪作为最常用的刀具参数测量装置，既能测量刀具的长度、直径和刀尖圆弧半径等参数，还可检查刀具的刃口质量。对刀仪的对刀过程是先将组合刀具放置到刀具架上，选取合适的刀柄值并对刀具参数进行测量，再以系统要求的方式对测量结果进行输出或存储，例如可根据刀具参数生成刀具补偿文件，最后将其存入刀具信息数据库或直接上传给相应的数控机床，如图 6.19 所示。

具体采用 MSCOMM 串口通信控件实现对刀仪的刀具信息参数自动采集。其基本技术原理如图 6.20 给出的主要实现代码所示，首先调用 MSCOMM 通信控件的 InitialComm 方法组态上位机的串口参数，使之与对刀仪的串口参数协调一致，

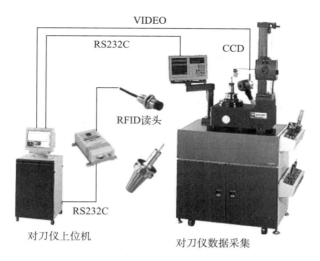

图 6.19 基于射频识别的对刀仪数据采集

然后开启 MSCOMM 控件的串口通信监控功能。一旦 MSCOMM 控件检测到对刀仪,测得刀具数据后,便会自动触发 OnComm 事件,该事件会从对刀仪串口解析出刀具信息,再将其写入工装信息数据库,从而实现了刀具几何参数的自动和实时采集。

```
public AxMSCommLib.AxMSComm com;
 ...
public void InitialComm(int comNo)                              //上位机串口初始化函数
{
  com.CommPort = comNo;                                         //设置通信的串口编号
  if (com.PortOpen) com.PortOpen = false;                       //关闭正在运行的串口,以免冲突
  com.RThreshold = 1;                                           //每当串口接收缓冲区字符数量>=1时,自动引发OnComm事件
  com.Settings = "9600,n,8,1";                                  //波特率9600,无校验,8个数据位,1个停止位
  com.Handshaking = MSCommLib.HandshakeConstants.comNone;       //无控制通信
  com.InputMode = MSCommLib.InputModeConstants.comInputModeBinary; //以二进制方式检取回数据
  com.InputLen = 0;                                             //读取接收到全部内容
  com.NullDiscard = false;                                      //接收Null字符
  com.OnComm+=new System.EventHandler(this.OnComm);             //绑定OnComm事件
  com.PortOpen = true;                                          //打开上位机串口
}

private void OnComm(object sender, EventArgs e)                 //响应串口事件
{
  ...
  byte[] bytIn = (byte[])this.msCom.Input;                      //接收来自对刀仪串口的信息
  if(!UpdateDB(bytIn))                                          //写入工装数据库
  {
    MessageBox.Show("刀具信息入库失败,请检查通信设置!");        //写入失败时,给出提示
  }
  ...
}
```

图 6.20 主要实现代码

(2)面向机床的工装加工信息采集技术。

面向机床的工装加工信息采集技术根据机床数控系统的开发性程度的不同而采用不同的数据采集方式,目前有基于宏指令的加工信息采集技术和基于数控系统软件二次开发的加工信息采集技术等。图 6.21 所示为面向机床的刀具信息采集技术示意。

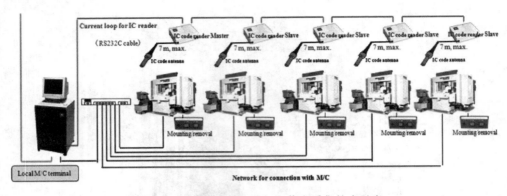

图 6.21　面向机床的工装加工信息采集技术示意

　　①基于宏指令的加工信息采集技术适用于支持宏指令（宏程序调用指令）并带有 RS232 串口的数控机床，如 FANUC、MITSUBISHI 和 HAAS 等。其通过在 NC 程序中嵌入宏指令，采集机床加工程序中与刀具有关的加工状态信息，其所采集信息主要包括机床正在执行的 NC 程序名称、正在加工的零件名称、加工的开始时间、加工的结束时间、主轴转速、进给速度以及当前刀具等。以 FANUC 18 系统为例子，其主要采用 POPEN、BPRNT 和 PCLOS 等外部输出宏指令实现加工信息采集。其中，运用打开指令 POPEN 在数据输出前建立数控系统与外部输入/输出设备的连接以启动数据采集，运用数据输出指令 BPRNT 以二进制或其他系统预定格式输出采集到的字符和变量值，运用关闭指令 PCLOS 在全部数据输出完成后指定解除与外部输入/输出的连接以结束数据采集。图 6.22 所示为添加了可采集刀具加工信息宏指令的 NC 程序示例。

```
§
O3216
POPEN
BPRNT[START]              //采集"加工开始时间"
BPRNT[MACOO3216]         //采集"程序名称"
N005 T1324 M06
BPRNT[MACTT1324]         //采集"刀具名称"
N010 G97 S1575 M03
BPRNT[MACS S1575]        //采集"主轴转速"
...
N030 G01 Z1.5 F1
BPRNT[MACFF1 ]           //采集"进给速度"
...
BPRNT[STOP]              //采集"加工结束时间"
PCLOS
M30
```

图 6.22　添加了可采集刀具加工信息宏指令的 NC 程序示例

②基于数控系统软件二次开发的加工信息采集技术。目前不少数控机床厂家都提供了可以组态 DNC 上位机与数控设备间的通信以及管理 NC 程序的 DNC 应用软件和函数库。基于数控系统软件二次开发的加工信息采集技术正是针对数控机床厂家提供的 DNC 软件和函数库进行二次开发，以便从机床采集正在执行的 NC 程序名称、正在加工的零件名称、机床加工开始时间、机床加工结束时间、当前使用的刀具和切削参数等刀具加工状态信息。该技术适用于支持 OPC 或 DDE 通信协议并带有以太网通信接口的数控机床。现以目前数控机床中广泛应用的西门子 840Di 数控系统为对象，实现基于数控系统软件二次开发的加工信息采集技术。西门子 840Di 系统主要由数控单元（NCU）、人机界面（HMI/MMC）和可编程控制器（PLC）三部分组成，整个系统基于 PC 平台，具备高度的软硬件开放性，便于进行二次开发。而刀具信息都以机床数据（Machine Data）的形式储存在数控核心部件（NCK）中，数控核心部件的数据结构示意如图 6.23 所示，其中包含了系统当前和用户设置的刀具总体信息、刃口信息、监控信息等存储区，并用相应的代号表达和访问。

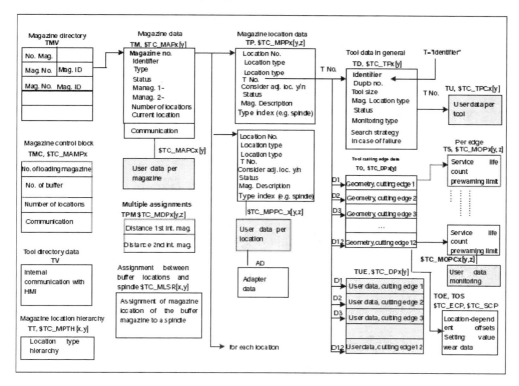

图 6.23 NCK 的数据结构示意

通过分析西门子 840Di 数控系统的通信原理（图 6.24 为其原理简图）可知，由于刀具实时信息位于最底层的 NCK 中，上位机位于最顶层，而 HMI 位于上位计算机和 NCK 之间，故只有先后实现 NCK 与 HMI 以及 HMI 与上位机的数据访问，才能利用刀具信息流 "NCK→HMI→上位机" 实现上位计算机对刀具实时信息的采集。其中 NCK 与 HMI 的数据访问基于 DDE 通信实现，而 HMI 与上位机的通信则利用 SINUMERIK RPC 函数库实现。

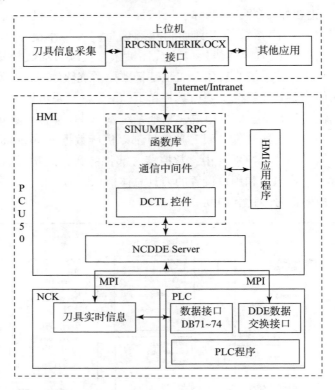

图 6.24　西门子 840Di 数控系统的通信原理简图

5. 工装资源信息处理技术

由于工装动态信息的变化率较高，在动态信息跟踪采集和应用系统中会产生大量新的数据和历史数据，需要对这些过程数据进行实时的存取处理。因此，工装管理必须能够高速、及时地存取和处理数据，以尽量保证关键的数据操作能够在规定的时间内完成。

6.3.2　工装资源优化配置

工装资源优化配置主要包括工装选取、工装配备和工装立体库拣选路径优化。针对工装选取，以刀具为对象，人们提出了基于规则推理的刀具智能选取算法；针对工装静态配备，人们提出了基于启发式算法的数学模型；针对工装动态配备问题，分析生产过程中的相关动态事件，人们提出了基于变周期驱动和人机协同的混合配备策略，研究工装故障、设备故障、新订单插入、订单删除和初始化信息修改这五类动态事件的动态配备机制和处理方法；在工装立体库拣选路径优化方面，人们建立拣选路径优化数学模型，并提出了基于遗传算法和粒子群算法的混合求解算法。

1. 工装智能选取技术研究

在传统的工装选取过程中，由于工装种类繁多且工艺人员难以全面获取企业工装最新的实时信息，一般只能参照个人经验选用以往可行的工装。虽然上述做法基本上能够满足加工需求，但长期而言这不利于实现工装选取的规范化，工装选取知识的积累以及新工装、新工艺的快速应用[68]。近年来，随着不少企业引入 CAPP 系统作为辅助，工装选取的随意性有所改善，但现有的 CAPP 系统及相关工装选取技术大多未充分考虑实际工装的可获得性、可替代性等制造执行因素，而仅考虑工装的基本加工能力来执行工装选取以满足加工的逻辑需求，这依然难以实现工装的优选，还使得下游的工装管理部门难以实现快速、齐全的工装配备。刀具选取是工艺设计的重要组成部分，其直接影响着工件的加工质量、效率和成本。一般而言，刀具选取主要包括刀具的类型选择、材料选择和几何参数的确定。考虑到刀具选取技术的代表性，本章主要以刀具为选取对象研究实现工装智能选取的关键技术。

2. 刀具选取知识的表示和组织

刀具选取的智能化是以丰富可用的选取知识为支撑的。刀具知识表示即关于刀具知识描述方式的约定，是刀具知识组织和应用的前提。为了便于实现刀具选取的自动化和智能化，应以易于计算机程序理解、处理和应用的数据结构实现刀具知识表示。

由于刀具选取属于有章可循的逻辑问题，其相关知识易于以经验语句表达，且考虑到产生式规则表示法的优点，本书应用产生式规则法来实现刀具选取知识的表示，其基本形式为：

$$P \rightarrow Q \text{ 或 IF } P \text{ Then } Q$$

其含义为"如果前提 P 成立则有结论 Q"。

考虑到刀具选取知识的复杂性，前提 P 和结论 Q 均可能为多个子项的合取或析取。为了避免规则的多义性、冗余性且使其易于实现，本书所述规则的前提和结论都只采用合取运算，并参照子项数将涉及析取运算的部分分解为等价的多条规则[69]，例如：

$$\text{IF } P_1 \vee P_2 \text{ Then } Q \equiv \text{IF } P_1 \text{ Then } Q, \text{ IF } P_2 \text{ Then } Q$$

从而系统中任意一条规则均可以下列形式的产生式加以表示：

$$\text{IF } P_1 \wedge P_2 \wedge \cdots \wedge P_m \text{ Then } Q_1 \wedge Q_2 \cdots \wedge Q_n$$

基于合取运算的规则表示方式充分汲取了产生式规则表示法的优点，清晰易懂，为刀具选取知识的后续处理和应用奠定了良好的基础。

本书采用"事实 – 规则"二级知识构造体系，其中事实部分负责组织实情、定义等公共知识，而规则部分负责组织专家的实践经验等启发性知识。与构造体系相适应，本书的数据库中设计了刀具选取事实表（表6.7）和刀具选取规则表（表6.8），以便对刀具选取知识进行存储和维护。

表6.7　刀具选取事实表

字段名称	数据类型	允许空	是否主键	字段说明
FactID	Nvarchar（字符串型）	否	是	刀具选取事实编码
Name	Nvarchar（字符串型）	否	否	刀具选取参数名称
Formula	Nvarchar（字符串型）	否	否	刀具选取事实表达式
FactType	Nvarchar（字符串型）	否	否	刀具选取事实类别
Remark	Nvarchar（字符串型）	是	否	备注

表6.8　刀具选取规则表

字段名称	数据类型	允许空	是否主键	字段说明
RuleID	Nvarchar（字符串型）	否	是	刀具选取规则编码
Condition	Nvarchar（字符串型）	否	否	刀具选取规则的前提
Conclusion	Nvarchar（字符串型）	否	否	刀具选取规则的结论
Rank	Integer（整数型）	否	否	刀具选取规则优先级
Remark	Nvarchar（字符串型）	是	否	备注

其中刀具选取事实表的事实编码与刀具选取规则表的规则编码之间具有外键连接，并以此为基础构建"事实－规则"视图，以便于实现推理过程中的快速查询，进而提高系统的推理效率。此外，为了实现对刀具选取事实和刀具选取规则辅助信息的管理以及加快刀具选取规则和刀具选取事实的检索速度，本书还特地提取相关的辅助信息并将之融合为一个刀具选取知识辅助信息表。其中条目编码既作为主键，又用于实现刀具选取知识辅助信息表与刀具选取事实表以及刀具选取规则表的外键连接。

3. 刀具选取知识的获取

知识获取是从专家或其他专门知识源抽取知识，并将其转换为知识系统可理解和利用的形式，最后注入知识系统的过程。知识获取的方式大体可分为直接法和间接法。直接法主要指借助归纳、推理、数据挖掘和人工神经网络等技术和方法从知识源中汲取所需知识并将其存入知识库；间接法是指知识工程师在领域专家的指导下对必要的书本知识和经验知识进行提取和整理，并利用例如知识编译器之类的工具将知识转换输入到知识库中。相比之下，目前用直接法获取知识更自动化和智能化，适用于海量数据，但获取知识的质量和稳定性稍逊。而间接法技术能更好地保证获取知识的质量，更易于实现，更为成熟，在实际系统中的应用更广。

考虑到刀具选取知识的特点，本书提出了一种直接法和间接法相结合的刀具选取知识的获取方法，如图 6.25 所示。

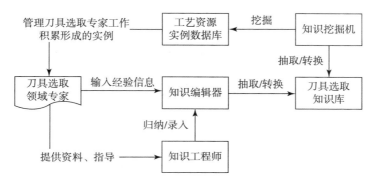

图 6.25　刀具选取知识的获取方法

4. 基于规则推理的刀具选取技术研究

与工装配备应用的优先级规则较为明确且带有排序性的特点不同，由于刀具选取所应用的规则是根据输入条件从规则知识库中动态选定的，且产生式规则反应的是具体的逻辑映射关系而非排序关系，因而规则匹配出现多种结果的可能性是存在的。这取决于输入条件与知识库规则的匹配程度，基于规则的刀具选取算法在规则匹配过程中会遭遇不存在匹配规则、存在唯一的匹配规则、存在多于一条的匹配规则三种可能的结果。为了保证刀具选取算法的正常运行，本书分别采用如下的控制策略加以应对：

（1）不存在匹配规则：鉴于无匹配规则的起因是输入条件错误或知识库未包含与输入条件匹配的规则，可先提示用户检查输入条件是否正确，若有误，则改正后重试；反之，则将用户自动导向自定义选刀界面，以完成刀具选取。

（2）存在唯一的匹配规则：此时实现过程最为简洁，只需继续正常执行刀具选取算法，根据前提的验证结果执行结论即可。

（3）存在多于一条的匹配规则：此即可用的刀具选取知识非唯一的情况。对此，因为本书预先在刀具选取规则表中设计了优先级字段，可应用基于优先级的冲突消解策略，即以对匹配规则的优先权数值进行排序，选定最大者为唯一的激活规则，随后按策略（2）执行求解。

上述控制策略已融合在刀具选取求解算法的实现过程中，因此在实际运行中系统一般都能自动消解规则匹配冲突问题。此外，本系统还在刀具选取规则数据库编写了基于 SQL 语言的检测触发器，该触发器会在新增、删除、修改刀具选取规则时自动激活、实时检查操作的合法性，并自动拒绝不合规操作和冲突规则的录入，从而较好地保证了系统存储和应用的刀具选取规则的可行性和合规性。

参照前述刀具选取的知识表示方式、知识组织方式、推理方法以及推理策略，本书设计了刀具智能选取算法，如图 6.26 所示。

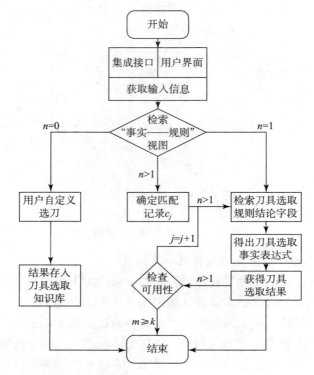

图 6.26 刀具智能选取算法

6.3.3 工装资源快速配备

工装配备是在充分考虑工艺信息、加工任务和工装资源等约束条件的前提下，确定工装资源的合理配置，在已知工装类型的情况下将工装个体分配到执行加工任务的相应机床，以保证配备成本、机床等待时间等生产目标最优。科学地制定工装配备方案，在提高产品交货期满足率和工装资源利用率、降低生产成本和提高企业生产率等方面发挥着不可忽视的作用。

根据相关配备环境的不同，工装配备可分为静态配备和动态配备。静态配备是在已知配备环境和任务的前提下确定事前配备方案，其认为所有工装和服务对象的信息和状态都是明确且可预知的，一旦配备计划确定，就按计划执行配备。然而，在实际生产中，即使配备之前作出了尽可能充分的评估，但仍可能遭遇诸多难以预料的随机因素（如订单数量或状态的变化、交货期的改变、工装的损坏和工件突然到达等随机干扰），并且上述随机因素往往会影响静态配备计划的正常执行，甚至破坏原有配备方案，这就需要对配备计划进行动态调整，即进行动态配备。动态配备作为一种反应式的再配备，是指在配备环境和任务存在不可预测的扰动情况下确定配备方案，以适应复杂动态生产环境的不确定性和随机性。

1．工装静态配备问题研究

1）工装静态配备优化问题的数学模型

工装配备的终极理念为，在正确的时间将最合适的工装配送到正确的地点以供服务对象使用。本书以工序为工装配备的服务对象，通过确定合理的工装配备方案使所需的总配备时间最短，机床缺件等待工装所带来的损失最小。为了便于表述，本书根据寿命特性的不同，将所需的待配备工装分为非易耗型工装和易耗型工装两类。非易耗型工装包括夹具、辅具、量具等，其精度应符合待配备工序的加工需求。而包括刀具、模具在内的易耗型工装不仅精度要达标，每次配备前的剩余寿命还应大于待加工工序的预计加工时间。

为便于问题的描述和建模，下面给出参数定义。设待处理的加工任务集为 $W = \{w_i\}$ $(i = 1, \cdots, I)$，涉及的机床集为 $D = \{d_m\}$ $(m = 1, \cdots, M)$，每个加工任务 w_i 对应的工序集为 $P_i = \{p_{ij}\}$ $(j = 1, \cdots, J)$，每道工序 p_{ij} 对应的机床为 d_m^{ij}，每道工序 p_{ij} 需求的工装型号集为 $E_{ij} = \{e_{ijk}\}$ $(k = 1, \cdots, K)$，其中每种型号的工装 e_{ijk} 所需的数量为 a_{ijk}。而每种型号的工装 e_{ijk} 对应的工装全体实物集为 $R_{ijk} = \{r_{ijkn}\}$ $(n = 1, \cdots, N)$，其中立即可调配的工装实物集为 $R_1^{ijk} = \{r_{ijkn}\}$ $(n \in A_1^{ijk})$，正在使用中、需要等待的工装为 $R_2^{ijk} = \{r_{ijkn}\}$ $(n \in A_2^{ijk})$。对于每件工装 r_{ijkn}，从当前位置运送到机床 d_m^{ij} 处所需的时间为 t_1^{ijkn}，从当前状态（如使用中、装配中或维修中）转换到正常可用状态的所需时间为 t_2^{ijkn}。该工序所需的易耗型工装的当前剩余寿命为 t_s^{ijkn}，而所述易耗型工装对于该工序的预测使用寿命为 t_r^{ijkn}。

由此可建立如下所示的工装静态配备优化问题数学模型：

$$T = \min \sum_{i \in I} \sum_{j \in J} \sum_{k \in K} \left(\sum_{n \in A_1^{ijk}} C_1^{ijkn} t_1^{ijkn} + \sum_{n \in A_2^{ijk}} (C_1^{ijkn} t_1^{ijkn} + t_2^{ijkn}) \right)$$

$$= \min \sum_{i \in I} \sum_{j \in J} \sum_{k \in K} \left(\sum_{n \in (A_1^{ijk} \cup A_2^{ijk})} C_1^{ijkn} t_1^{ijkn} + \sum_{n \in A_2^{ijk}} t_2^{ijkn} \right) \tag{6-1}$$

$$L = \min \sum_{i \in I} \sum_{j \in J} \left[sig\left[\sum_{k \in K} \left(a_{ijk} - \sum_{n \in N} Z_{ijknm} \right) \right] \times \psi_{ij}(t) \right] \tag{6-2}$$

s.t:

$$Z_{ijknm} = \begin{cases} 1, & 将工序 P_{ij} 所需的工装 R_{ijkn} 配备到机床 d_m^{ij} 处 \\ 0, & 工序 P_{ij} 所需的工装 R_{ijkn} 不配备到机床 d_m^{ij} 处 \end{cases} \tag{6-3}$$

$$C_1^{ijkn} = \begin{cases} 1, & 配备前工装不在机床 M_{ij}? 处 \\ 0, & 配备前工装在机床 M_{ij} 处 \end{cases} \tag{6-4}$$

$$\sum_{m \in M} Z_{ijknm} = 1 \tag{6-5}$$

$$\sum_{n \in N} Z_{ijknm} \leqslant \Phi_{km} \tag{6-6}$$

$$t_s^{ijkn} \geqslant (1 + \alpha) t_r^{ijkn} \tag{6-7}$$

其中，目标函数式（6-1）表示任务所需工装的配备时间之和最短，以便尽可能缩短工装准备时间，提高劳动生产率；目标函数式（6-2）基于准时生产理

念最优化工装配备，即最小化机床因工装不足延迟开工造成的损失，以降低生产

成本，其中算子 $sig[x] = \begin{cases} 1, & x > 0 \\ 0, & x = 0 \end{cases}$，$\psi_{ij}(t)$ 为待开工工序 p_{ij} 等待工装的损失系

数，其与工序的重要性和工序延迟开工的时间 t 正相关；约束条件式（6-3）和式（6-4）用于更好地表达目标函数；约束条件式（6-5）表示用于一道工序的一件工装只能配备到一台机床上；约束条件式（6-6）要求各种工装都应符合各台机床的工装存放容量限制；约束条件式（6-7）实现用于加工的易耗型工装都应符合任务的加工寿命约束，由于工装的剩余寿命难以准确估计，一般需考虑安全系数 α，α 的取值为 5% ~ 8%。

2）工装配备优先级规则及其递阶组合

优先级规则作为启发式算法的实现基础，具备复杂度低和便于实现的优点，非常适用于工装静态和动态配备问题的求解。为了更好地分析和应用优先级规则，有必要根据配备策略和用途的不同，先对常用的优先级规则进行分析、归纳和整理，再在此基础上引申出递阶组合规则。

（1）工装服务工序选择常用的优先级规则。

①与工序加工时间相关：

SPT（Shortest Processing Time）：优先服务具有最短加工时间的工序。

LPT（Longest Processing Time）：优先服务具有最长加工时间的工序。

SRPT（Shortest Remaining Processing Time）：优先服务具有最短剩余加工时间的零件的工序。

LRPT（Longest Remaining Processing Time）：优先服务具有最长剩余加工时间的零件的工序。

②与剩余工序数量相关：

LOR（Least Operation Remaining）：优先服务所在零件具有最少剩余工序数的工序。

MOR（Most Operation Remaining）：优先服务所在零件具有最多剩余工序数的工序。

③与任务加工时间和剩余工序数量都相关：

S/PON（Least ratio of Slack to Operation）：优先服务动态富余时间最小的工序。

④与任务交货期相关：

EDD（Earliest Due Date）：优先服务交付期最紧零件的工序。

（2）工装调配常用的优先级规则。

①与工装自身特性相关：

LRLF（Longest Remaining Life First）：优先选用剩余寿命最长的工装。

SRLF（Shortest Remaining Life First）：优先选用剩余寿命最短的工装。

②与工装外部特性相关：

FIFO（First In First Out）：优先选用最先入库或最早可用的工装。

LIFO（Last In First Out）：优先选用最晚入库或最近可用的工装。

HUF（Highest Utilization First）：优先选用当前利用率最高的工装。

LUF（Lowest Utilization First）：优先选用当前利用率最低的工装。

NF（Nearest First）：优先选用距离服务对象最近的工装。

RD（RANDOM）：随机选用工装。

（3）递阶组合规则。

当需要工装的并行加工工序或空闲工装较多时，若仅采用单个优先级规则，常常会遇到多个工序优先级结果相等或可选用工装较多的现象，随后一般只能利用 FIFO 或 RD 规则进行取舍。这种做法虽然可行，但既不够科学，又没达到基于优先级规则优化配备结果的预期目的。为了解决上述问题，应将多种单一优先级规则有序组合加以利用，即应用递阶组合规则，以进一步提高工装配备的优化效率。

定义 1：设由 n 个不同的单独优先级规则组成的规则集 $R = \{r_i\}$（$i = 1$，2，3，$\cdots$，n），从集合 R 中取出 $m(m \leqslant n)$ 个元素进行递阶组合，可得出有序规则子集 $\vec{R} = \{r_i(i = k_1, k_2, k_3, \cdots, k_m)$，其中 $k_1 \neq k_2 \neq \cdots \neq k_m$，则称由 r_{k_1}，r_{k_2}，$\cdots$，r_{k_m} 组成的序列为递阶组合规则（Hierarchical Dispatching Rule，HDR），并将其表示为 $HDR = r_{k_1} - r_{k_2} - \cdots - r_{k_m}$。

例如，若给定优先级规则集合 $R = \{SPT, LPT, MOR, EDD, FIFO, LIFO\}$，则可给出：

$$HDR_a = SPT - MOR - FIFO$$

$$HDR_b = EDD - LRT - LIFO$$

HDR_a 和 HDR_b 均为优先级规则递阶组合生成的递阶组合规则。

递阶组合规则法用于工装配备的实现过程为：先根据优化目标和约束条件来选用适宜的单个优先级规则对待服务工序集（即该工序的紧前工序已完成且所使用的机床当前处于空闲状态）或可配备工装（即当前空闲且可用于配备的工装）进行优先级计算以获取优先级最高的工序或工装。若得出的最高级工序或工装的数量多于一个，则再引入其他优先级规则进行选择，以此类推，直至选出唯一的一个工序或工装为止。如果规则用尽，候选工序仍不止一个，则用随机选择的方法选择一个工序或工装作为服务或应用对象。

3）用启发式算法求解工装静态配备问题

由于启发式算法不寻求在多项式时间内求得问题的最优解，而是折中计算时间和配备效果，并以较小的计算量来得到问题的近优解或满意解，因此具备计算复杂度低、效率高、实时性好、易于实现等优点。考虑到工装配备需满足种种约束规则和启发式算法的优点，本书提出了一种求解工装静态配备问题的启发式算法，该算法可在满足约束条件的基础上，缩减问题规模，快速得出工装静态配备问题的满意解。下面按算法所遵循的基本假设、算法的基本思路和具体步骤进行叙述，以更好地说明该算法的求解过程。

（1）基本假设。

考虑到工装配备问题的特点和车间的实际生产情况，为保证生成的工装配备方案的可用性，工装配备过程及相关算法应符合下列五个基本假设：

①加工任务的工艺方案、任务优先级、预计加工时间、切削参数以及相应的易耗型工装的预计剩余寿命已知。

②根据工艺方案，一种工件的某道工序可能需要配备一个或多个工装。

③工件的每道工序必须在其工艺方案的紧前工序完成后才能开始加工，而工装配备也应遵从正常的加工顺序。

④一件工装在某一时刻只能配备给一种任务的某一道工序，并安装在一台机床上。

⑤一旦一件工装被配备给某种加工任务的某一道工序，则最早也要在该工序加工完成后，才可能再次参与配备。此外，该工装的具体最早可用时间还需要考虑维护时间、重新入库时间等必要的缓冲时间方可确定。

（2）基本思路。

尽管工装配备的结果与加工任务情况、优化目标和采用的配备规则直接相关，但工装配备过程及相关算法一般都应遵循下列三个基本思路：

①虽然实际的工装配备问题可能具备多个优化指标，但由工装不足或延误引起的损失最小化一般应为首要达成的指标，其满足后才考虑其他指标，并且其余优化指标也有重要程度大小之别。由此可引入分层序列法求解优化问题的思想，结合当前生产的实际情况和已有的经验首先确定优化指标序列，以便在后续求解过程中依次满足这些优化指标。

②由于工装资源在配备时刻资源的有限性、待配备工序的重要性和受工装不足或延误的影响大小各异，应对相关工序进行优先级排序，以便依次进行配备服务。

③参照工艺方案和思路②得出的待配备工序序列生成所需的工装集，再利用优先级规则从当前的工装实物集中确定工装配置方案。在此过程中，若所需工装的数量、寿命、精度、状态等约束条件均达标，则根据优先级规则直接选用符合配备需求数量的工装即可；若可用的空闲工装数量不足，则选用使用中、需要等待的工装作为补充；若所需工装存在缺口，则应生成工装缺货单，以待后续补货处理。

（3）实现步骤。

参照上述基本假设和思想，可得出求解工装静态配备问题的启发式算法的具体步骤如下：

①生成有序优化目标集 $\{L, T\}$。

②遍历待配备的加工任务 W，并根据受工装等待造成的损失的大小、工艺关系约束、时间约束以及工序选择优先级规则，生成有序待配备工序集 P'。

③参照 P' 所需的工装种类集 E'，依次从工装实时信息库中检索出对应的符合全部约束条件的工装实物集 R'。对于 E' 中的每种工装 e_i，设其所需数量为 a_i，现有数量为 r_i，则有：

● 若 $a_i \leqslant r_i$，则可基于递阶组合规则 NF – LRLF，优先选用距离负责执行该工序的机床最近、剩余寿命最长的工装；

● 若 $a_i > r_i$，则选用全部 r_i 个工装，并检索和选用处于使用中、需要等待的工装作为补充；

● 若所需工装仍然不足，则按缺件数量生成工装缺货单。

④遍历余下的待配备工序集，依次进行工装配备，直到所有待配备工序配备完毕，最终得出工装配备清单。配备所需的工装缺件时，还要生成工装缺货单。

2. 工装动态配备问题研究

1）动态事件

实际的生产制造车间作为一种开放的环境，在运行过程中难免发生各种动态事件。动态事件是在已有配备方案的运行过程中出现引发配备环境变化从而需要进行处理的扰动或意外情况，其通常可分为以下四类：

（1）与工装自身有关的事件，如工装故障、损坏、不足或对刀时发现当前刀具不正确等；

（2）与设备相关的事件，包括设备故障或损坏、机器死锁和生产能力冲突等；

（3）与工序任务相关的事件，包括订单加急或取消、工序任务完成时间提前或延误、任务数量变化、工艺发生调整等；

（4）其他事件，如操作人员导致的加工延误、原材料延误或不足、动态加工路线等。

在上述扰动事件中，第一类事件是工装状态变化直接造成的，后三类来自相关的外部因素。例如，机床的突发故障可能也会使正在所述机床上参与加工的工装损坏或报废。其次，上述四类动态事件可能单独发生，也可能同时出现。总之，无论不确定性来自内部还是外部，单独发生还是同时发生，其都会对既定的工装配备方案带来极大的干扰。由此可见，工装动态配备策略亟待研究。

2）动态配备策略研究

通过跟踪采集生产现场的状态信息，可及时捕获可能引发工装动态配备的动态事件，然而还必须采用正确的策略，才能得出最合理的工装配备，以保证生产的优化进行。一般而言，工装动态配备可应用如下三种策略加以实现[70]：

（1）事件驱动配备策略。如图 6.27 所示，它是指每次一旦发生一个使系统状态发生变化的事件，系统就加以检测并判断是否需要激活一次配备事件，若需要就进行动态配备。事件驱动配备策略的优点在于能迅速及时地处理突发扰动，但在动态事件发生频率较高时，单独采用事件驱动方法会增大系统计算量和配备负荷并降低系统稳定性。

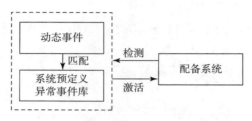

图 6.27　事件驱动配备策略模型

（2）时间驱动配备策略（周期性驱动配备策略）。如图 6.28 所示，它是指是每到一个配备周期，系统就检测和判断是否需要激活一次配备事件，若需要就进行动态配备。时间驱动配备策略的优点在于具备较稳定的动态配备负载并易于实现，但却无法确保能及时有效地处理动态事件。

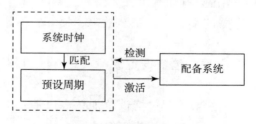

图 6.28　时间驱动配备策略模型

（3）混合配备策略。它是事件驱动配备策略与时间驱动配备策略相结合的混合配备策略，即在正常工作周期，采用时间驱动配备策略；当动态事件发生时，立刻对系统进行动态配备。混合配备策略既有效吸收了两者的优点，又克服了两者单独应用的缺点，较适用于实际制造系统的工装配备。

实际制造过程中常遭遇的各种扰动因素为工装配备系统带来了巨大的配备计算量和紧迫的时间限制，因而若系统仅采用基本的混合配备策略，则及时性、灵活性和可用性仍有不足。其次，实际制造过程的生产负荷也是动态变化的，传统的时间驱动配备策略仅以系统时钟为参照物，难以反应生产负荷对动态配备频率的影响。为此，本书提出了一种基于变周期驱动和人机协同的混合配备策略，其原理如图 6.29 所示。

首先，为使系统自适应生成负荷的动态变化，设 T_p 为当前全部机床加工时间的总和，T_s 为两次配备之间的机床累计加工时间，配备次数为 F，则有：

$$F = T_p / T_s \qquad\qquad (6-8)$$

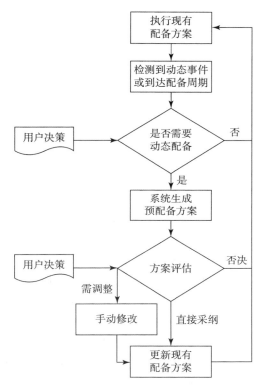

图 6.29　基于变周期驱动和人机协同的混合配备策略

　　由式（6-8）可知，当累计加工时间等于 T_s 时，就进行配备。T_s 一旦确定，配备次数 F 就与反应生产负荷的 T_p 成正比，即配备次数随着生产负荷的增大而增大，随着生产负荷的减小而减小，从而有效地反映了生产负荷的变化并与其保持一致。

　　在动态事件发生或到达配备周期时，用户在系统的辅助下先对动态事件和当前的生产状态进行识别、分析和评估。若发生的扰动不影响现有配备方案的正常执行或生产状态正常，则不进行动态配备；反之，若发生的扰动使得当前现存的配备方案无法继续进行或当前状态需要进行配备，配备系统就自动生成预配备方案。用户评估新方案，若其合理性和可用性俱佳，则直接或人机交互修改后将之采纳为新的配备方案；若调整过大或可用性不好，则否决系统生成的新方案，依然继续执行原有的配备方案。

　　本书的配备策略既吸收了混合配备策略的优点，又考虑了生产负荷对配备频率的影响，还通过人机协同将人的智能与主观能动性结合进来，从而显著地降低了动态配备的计算量、复杂性，确保了配备优化算法生成的配备方案的顺利执行。此外，该策略还可为应对类似复杂动态配备问题提供有利参考。

3) 动态配备方法研究

考虑到数字化生产车间的现状，实现实际制造系统工装动态配备的关键仍然在于对动态事件的处理方法[71][72]。当实际生产过程中的动态事件发生时，工装配备系统不仅需要优良的配备策略作指引，还需要具备合理的处理机制以便有效应对扰动因素，始终保持工装资源的高效利用和生产系统的优化运行。

动态配备方法主要可分为 edit/use 和 regeneration/conventional[73] 两种。edit/use 方法只修改那些受动态事件扰动影响的工序，以形成配备所需的最小任务集，而 regeneration/conventional 方法则对原有的方案进行完全再生，以生成新的配备方案。前者可视为一种部分重配备方法，即尽可能维持原配备方案，只调整扰动变化直接或间接影响的工序，以提高配备系统的稳定性；后者是一种完全的重配备方法，其对相关的工序集进行全新配备，对系统的优化效果而非稳定性优先考虑。实践中由于配备方案调整也需要时间和成本，为了避免频繁调整和成本消耗，人们往往希望只对原有的配备作出尽可能小的调整而不是全盘否定，最重要的是找到改动最小、最可行的配备方案，而不仅仅是生产目标最优的配备。例如，扰动发生前工装已经按原配备方案分派或安装在相应机床上，若按新的配备环境采用全新配备方法，则可能需要对工装进行重新装卸、测量和安装，同时影响配备期间非故障设备的运行，人力物力耗费巨大且得不偿失，甚至调整过程中还可能出现新的扰动事件，使得全新配备难以为继。

因此本书将尽量以 edit/use 方法为主，以 regeneration/conventional 方法为辅。鉴于动态事件虽种类繁多但处理方式却大同小异，下面将具体针对工装故障、机器故障、新订单插入、订单取消和初始信息变更这五类常见的动态事件进行配备方法研究，同时注意保证工装动态配备的方式和结果与车间调度系统协调一致，所述工装动态配备方法的实施过程如图 6.30 所示。

（1）工装故障。采用 edit/use 方式进行处理：若工装故障轻微、短期内可修复且在修复期间不影响加工任务按时完成，则进行修复且修复完之后继续执行未完成工序及其所有后续工序；若工装故障严重、短期内难以修复，则检索制造系统是否存在足量的、与故障工装同类的可用工装或存在装有替代工装的空闲机床；若可用替代资源充足，调用可用替代资源以继续执行未完成工序及其所有后续工序；若可用替代资源不足，生成工装缺件单并等待后续处理。

（2）设备故障。车间调度系统的对应处理方法一般为 edit/use 方式：首先检索是否存在同类设备，若存在，则取消这个设备上正在加工的工序和相关任务的后续工序，并将剩余任务队列移到某台同类设备上；反之，则删除该设备上的所有工序，并变更加工设备或等待修复。这样重新生成任务集，进行重调度。因此，工装配备处理同样可采用 edit/use 方式：若存在同类设备，则推荐车间调度

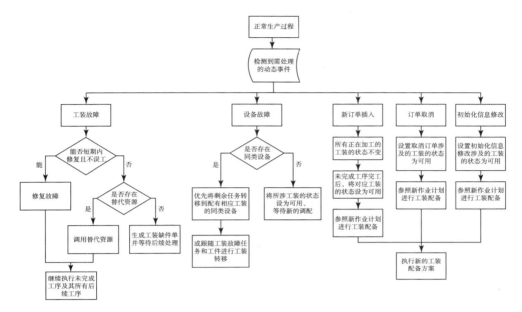

图 6.30　工装动态配备方法的实施过程

系统优先将剩余任务转移到配有相应工装的同类设备，若需要就跟随相关任务和工件进行工装转移；反之，则将涉及工装的状态设为可用，以等待工装配备系统进行随需调配。

（3）新订单插入。车间调度系统的对应处理方法一般为 regeneration/conventional 方式：不中断所有正在加工的零件，保留断点的剩余工序，并将设备的允许开始时间改成未完成工序的剩余处理完成时间，再与新插入订单一起形成新任务集（若新插入订单为紧急订单，则赋予更高的优先级），并制定新的作业计划。因此，工装配备处理也可采用 regeneration/conventional 方式：保持所有正在加工的工装的状态不变，在未完成工序完工后，才将对应工装的状态设为可用，然后参照新作业计划进行工装配备，以形成新的配备方案。

（4）订单取消。车间调度系统的对应处理方法一般为 regeneration/conventional 方式：完成删除所述取消订单涉及的加工任务，并将剩余工序作为调度对象进行重调度，以形成新的作业计划。同理，工装配备处理也可采用 regeneration/conventional 方式：将所述取消订单涉及的工装的状态设为"可用"，然后参照新作业计划进行工装配备，以形成新的配备方案。

（5）初始信息修改。初始信息修改的常见原因有加工任务提前完成、逾期未完成或人员旷工。车间调度系统的对应处理方法一般为 regeneration/conventional 方式：修改对应的初始信息以得到新任务集，并进行重调度，以形成新的作业计划。同理，工装配备处理也可采用 regeneration/conventional 方式：将所述初始信息修改涉及的工装的状态设为可用，参照新作业计划进行工装配备，以形成新的配备方案。

4）工装动态配备模型设计

工装动态配备模型的框架结构如图 6.31 所示，主要包括配备需求评估、配备算法优化、动态配备方案生成、数据库管理、生产过程管理五个部分。工装动态配备过程的生产时序如图 6.32 所示。由于静态配备可视为动态配备的特例，实际上该模型也适用于静态配备。

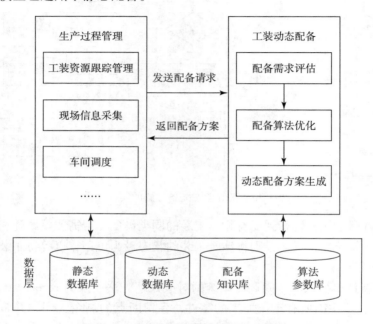

图 6.31　工装动态配备模型的框架结构

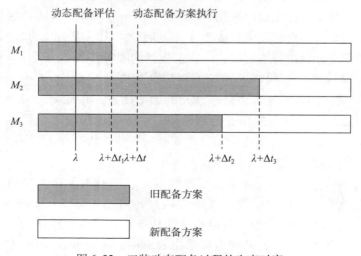

图 6.32　工装动态配备过程的生产时序

（1）配备需求评估。接收由动态事件触发的配备请求后，完成动态事件类型鉴别（如工装故障、订单插入或取消等）、判断动态事件是否已经达到必须进行动态配备的程度、确定动态配备方法等任务。

（2）数据库管理。其中静态数据库主要存储工装配备所需的基础信息，如工装信息、工件信息、工序信息、设备信息以及工时信息等。

动态数据库用于存储动态配备所需的动态数据，保证包含信息与生产过程管理中传来的各种实时运作信息的一致性和同步性，并且还要通过共享数据接口向工装配备系统提供动态数据支撑。算法参数库用于存储算法的初始信息、步骤信息以及各种操作设置，以保证配备算法的柔性化，而配备知识库主要存储的是配备优先级规则、配备实例等可重用的配备知识。

数据库管理部分主要需完成如下任务：

①随着加工任务的不断推进，及时移除或标记动态数据库中已完成的加工任务、已耗尽和已报废的工装及相关信息。

②若在 λ 时刻检测到有必要进行动态配备的动态事件，立即获取各工装的当前状态（如正在加工、空闲等）和继续占用时间。其中对于处于正在加工状态的工装，其继续占用时间 Δt_i 为当前工序的剩余加工时间；对于处于空闲状态的工装，$\Delta t_i = 0$。

③将新配备方案中各工装的最早访问时间设为 $\max(\lambda + \Delta t_i, \lambda + \Delta t)$，其中 Δt 为配备算法完成一次工装配备计算所需的近似时间。

④结合动态数据库中的剩余未开工工序集与动态事件的特征，生产新的工装配备任务数据。

（3）动态配备过程。其主要步骤如下：

①记录动态事件或接收到的生产管理系统的工装动态配备请求，判断是否有必要进行动态配备，若有必要，则存储需要进行动态配备的时刻。

②若在动态事件发生的时刻，还有工装在机床上参与零件加工，则应该继续完成加工任务，以保证加工的连续性。若原作业计划中相关零件的完工时间为 $\lambda + \Delta t_i$，则相关工装的可用时间也应设为 $\lambda + \Delta t_i$。

③将新配备方案中各工装的最早访问时间设为 $\max(\lambda + \Delta t_i, \lambda + \Delta t)$，以实现新旧方案的有效衔接并避免冲突，其中 Δt 为配备算法完成一次配备计算所需的近似时间。

④配备系统在数据库中产生新的工装配备任务数据与资源数据。

⑤动态配备模块生成新的工装配备方案。

⑥返回新的工装配备方案至生产管理系统。

6.3.4 工装立体库管理

工装自动化立体仓库集存储、分发、配送、管理等功能于一身，具有容量大、效率高、省地等优点，是工装信息跟踪管理及优化配置系统的重要组成部分。拣选作业作为工装立体库的一种最常用的作业方式，频繁用于处理系统日常的工装出库订单，因而优化其工作效率可显著改善工装立体库的整体运行效率，乃至提高工装管理和配备的效率。除堆垛机固有的性能外，提高拣选作业的工作效率的关键在于为工装立体库推荐优化的作业路径。此外，与 TSP 问题相似，拣选作业优化路径的确定也是个 NP 难问题（NP – hard Problem）。然而，当前国内外对该问题的绝大部分研究并未充分考虑周转箱的装箱约束，只是把拣选路径简化为 TSP 问题，并采用单一或传统的优化算法求解[49][99]~[102]，因此最终得出的优化结果常常实用性不高，适用场合有限。

1. 工装立体库拣选路径优化问题的数学模型

最常用的固定货架式工装立体库（Fixed Shelf AS/RS），具备多个货架和堆垛机，其中各条巷道分别由一台对应的巷道堆垛机负责作业。在拣选作业过程中，堆垛机应按预定的作业路径依次从对应库位拣选工装，取完一个库位后才能到下一个将要进行拣选的库位处。当订单上的所有任务全部完成或者周转箱已放满时，堆垛机就将回到出入库站台处，将工装卸下，周而复始，直到完成订单上的所有任务为止。由此可见，长期而言，拣选作业的大部分时间花费于堆垛机沿各目标库位之间的移动过程中。因而，选用优化拣选作业路径，可显著提高拣选工作效率、降低作业成本。

为了便于表述和求解工装立体库拣选路径优化问题（Fixed Shelf AS/RS Order Picking Problem，FSOPP），首先给出下列四个基本设定：

（1）建立以巷道口为原点（0，0）的坐标系。根据各库位相对于巷道口的距离，将各库位点用坐标（x，y）进行标示，其中 x 代表水平距离，y 代表竖直距离。

（2）堆垛机对某一库位的存取时间固定，与该库位在拣选路径中的实际作业先后次序无关。

（3）堆垛机水平和垂直的运动速度恒定，设水平方向的速度为 v_x，竖直方向的速度为 v_y。

（4）用于拣选的各周转箱的最大允许容积相同，数值为 G。

根据上述设定，在已知工装的目标库位的情况下，拣选作业的运行时间主要取决于堆垛机的拣选作业路径。假定 t_{ij} 为堆垛机由库位 i（x_i，y_i）运行到库位 j（x_j，y_j）所需的时间，则 t_{ij} 等于堆垛机的水平和竖直运行时间中的较大者，即

$$t_{ij} = \max[|x_i - x_j|/v_x, |y_i - y_j|/v_y] \qquad (6-9)$$

每个用于拣选的周转箱应在每次作业中都满足装箱约束条件：

$$\sum_{i=1}^{s} g_i \leqslant G \qquad (6-10)$$

其中，g_i 为第 i 个库位待拣选的工装的体积；G 为周转箱的最大允许容积；S 为该次作业中的待拣选的库位数量的总和。

设 n 为该订单中的待拣选的库位数量的总和，将巷道口（0，0）视为特殊的库位点，则可用 $i(x_i, y_i)\{i = 0, \cdots, n\}$ 表示拣选需要经过的所有库位点，由此可建立 FSOPP 的数学模型，如下所示：

$$Z = \min \sum_{i=0}^{n} \sum_{i=0}^{n} \sum_{k=1}^{m} C_{ij}^{k} t_{ij} \leqslant G \qquad (6-11)$$

s. t:

$$C_{ij}^{k} = \begin{cases} 1 & (\text{直接从 } i \text{ 点到 } j \text{ 点}) \\ 0 & (\text{其余}) \end{cases} \qquad (6-12)$$

$$\sum_{i=0}^{n} \sum_{k=1}^{m} C_{ij}^{k} = \begin{cases} 1(j = 1,2,\cdots,n) \\ m(j = 0) \end{cases} \qquad (6-13)$$

$$\sum_{i=0}^{n} C_{ip}^{k} = \sum_{j=0}^{n} C_{pj}^{k}(k = 1,2,\cdots,m; p = 0,1,2,\cdots,n) \qquad (6-14)$$

$$\sum_{i=1}^{n} \sum_{j=1}^{n} g_i C_{ij}^{k} \leqslant G \qquad (6-15)$$

$$\sum_{i \in L} \sum_{j \in L} C_{ij}^{k} \leqslant |L| - 1, (k = 1,2,\cdots,m; L = \{1,2,\cdots,n\}) \qquad (6-16)$$

其中，t_{ij} 为堆垛机由库位 $i(x_i, y_i)$ 运行到库位 $j(x_j, y_j)$ 所需的时间，m 为完成此订单需要回到巷道口的次数。目标函数式（6-11）表示在最短的时间内完成该订单的拣选作业。约束条件式（6-12）中的 C_{ij}^{k} 用于更好地表达目标函数，当直接从库位 i 运行到库位 j 时 C_{ij}^{k} 为 1，否则为 0。约束条件式（6-13）保证在一次作业中每个库位点只能访问一次。约束条件式（6-14）保证在一次作业中到达和离开同一个库位。约束条件式（6-15）保证每次作业都符合装箱约束的要求。约束条件式（6-16）能避免垛机沿冗余的路径运行。

2. 基于混合算法求解 FSOPP 问题

采用进化计算首先需要对问题的解进行编码，让每个染色体分别对应一个问题的解。在本算法中，染色体采用十进制编码方式，以便在整个解空间中获得更好的适应和搜索能力。给定巷道口的编码为 0，将各个待拣选的库位用不同的自然数表示，则一条染色体可表示为 $J = 0, J_1, J_2, \cdots, J_r, 0, J_{r+2}, \cdots, J_{n+m-1}$, 0。与 FSOPP 的数学模型相同，式中 n 表示待拣选的库位的总数，m 表示完成此订单需要回到巷道口的次数。由于起点和终点位置均为巷道口且不参与进化计算，故为了简化表达式，染色体的表达式可简化为 $J = J_1, J_2, \cdots, J_r, 0, J_{r+2}, \cdots, J_{n+m-1}$ 式中的 0 代表周转箱已满需要先回到巷道口，然后继续未完的作业。因而，对于一条形如 $\{7, 6, 14, 0, 11, 5\}$ 的染色体，其含义为该订单需要两次作业才能完成，第一次拣选的作业顺序为 $\{7, 6, 14\}$，而第二次拣选的作业顺序为 $\{11, 5\}$。

1）初始种群的构造

构造初始种群的步骤如下：

（1）随机生成一个包含所有待拣选库位的排列。

（2）确定完成此订单需要回到巷道口的次数 m。m 的数值应满足式（6 - 17），即

$$m \geq \mathrm{maxint} \left[\sum_{i=1}^{n} g_i / G \right] \tag{6-17}$$

其中，$\mathrm{maxint}[\ ]$ 表示取大于或等于括号中的实数的最小整数，即 m 的最小值为 $\mathrm{maxint} \left[\sum_{i=1}^{n} g_i / G \right]$。

（3）根据已知的装箱约束条件，将 $m-1$ 个不相邻的 0 随机地插入待拣选的库位的排列。此时该排列被分割为 m 个基因片段，每个片段代表一次作业。虽然这种方法可能生产一些部分可行解，但这样实质上能为算法提供在可行解和不可行解两个域中的搜索能力，最终有助于在整个解空间中找到最优的解。然而需要注意的是，如果 m 取值太小，可能造成初始种群中无法满足全部约束条件的不可行解过多，以致最终无法通过进化计算得出可行解。此时应在染色体中增加一个 0，即增加一次作业次数。

（4）循环执行步骤（3），直到生成由符合算法要求个数的染色体所组成的初始种群。

2）适应值函数

由于进化计算过程倾向于保留适应值较大的个体，而目标函数式（6 - 11）为最小值形式，故需要将其转换为满足进化计算要求的形式。本书采用了倒数变形的方式，最终的适应值函数如式（6 - 18）所示。P 的计算方法如式（6 - 19）所示，其用于衡量一个解偏离约束条件的程度。显然，对于可行解 $P = 0$，而对不可行解 $P > 0$。M 作为适应值函数的惩罚因子，一般取值为一个较大的正整数。由式（6 - 18）可得，由于 M 较大，从而可放大不可行解的偏离量 P 的数值，致使不可行解的适应值 F 显著地小于可行解，因而进化计算能更快地淘汰不可行解。换言之，M 能加快进化计算的收敛速度，使得算法能更快地获取最优解。

$$F = 1 / (Z + MP) \tag{6-18}$$

$$P = \sum_{k=1}^{m} \max \left[\sum_{i=1}^{n} \sum_{j=1}^{n} g_i C_{ij}^{k} - G, 0 \right] \tag{6-19}$$

3）基本的 PSO 算法

作为一种基于群智能的算法，PSO 的粒子在一个高维空间中搜索且每个位置 E 代表了一个问题的解。每个粒子在搜索空间中以一定的速度 V 飞行，且通过不断调整自己的位置 E 来搜索新解。每个粒子都能记住自己搜索到的最好解，记作 P_i，而由整个粒子群经历过的最佳位置则记为 P_g。整个粒子群按式（6 - 20）和式（6 - 21）调整粒子的速度和位置。

$$V_i(t+1) = \varpi V_i(t) + c_1 r_1 (P_i - E_i(t)) + c_2 r_2 (P_g - E_i(t)) \tag{6-20}$$

$$E_i(t+1) = E_i(t) + \xi V_i(t+1) \tag{6-21}$$

其中，$V_i(t)$ 表示第 i 个粒子在第 t 代时的速度，ϖ 为惯性权重，ξ 为约束系数，c_1 为粒子跟踪自己历史最优值的权重系数，c_2 为粒子跟踪群体最优值的权重系数，r_1、r_2 为均匀分布的随机数，且 r_1、$r_2 \in [0, 1]$。

基本的 PSO 算法的步骤如下：

（1）以随机方式初始化整个粒子群，即随机设定各粒子的初始位置 $E_i(0)$ 和初始速度 $V_i(0)$；

（2）计算每个粒子的适应值；

（3）比较每个粒子的适应值和它经历过的最好位置 P_i 的适应值，取两者中的最大者作为当前的 P_i；

（4）比较每个粒子的适应值和整个群体所经历最好位置 P_g 的适应值，取两者中的最大者作为当前的 P_g；

（5）根据式（6-20）和式（6-21）调整每个粒子的速度和位置；

（6）检查是否满足结束条件（获得足够好的位置或达到最大迭代次数），若满足则推出循环、结束运算，否则转到步骤（2）继续执行迭代。

4）算法实例

为验证混合算法的有效性，本书从工装库存信息中随机生成了一个包含 10 个库位的拣选订单，其位置和体积信息见表 6.9。

表 6.9　待拣选工装的相关信息

序号	x/m	y/m	体积/m^3
1	4	8	0.200
2	35	4	0.076
3	25	1	0.077
4	22	2	0.125
5	7	6	0.150
6	14	4	0.110
7	19	3	0.181
8	47	9	0.213
9	6	6	0.127
10	40	7	0.164

算法程序由 C#语言编程实现，并在 PC 机上运行。工装立体库的相关参数为：$v_x = 2m/s$，$v_y = 1m/s$，$G = 0.500m^3$。而混合算法的初始参数为：种群数 $Popsize = 50$，交叉概率 $P_c = 0.55$，变异概率 $P_m = 0.25$，最大代数 $Maxgen = 1000$，惩罚因子 $M = 10000$，粒子数量 $n = 40$，惯性系数 $\varpi = 0.8$，约束系数 $\xi = 1$，权重

系数 $c_1 = c_2 = 2$。

通过优化计算，最终得出的最短运行时间为 88.5s，拣选作业的次数为 3，且经优化后的库位拣选作业顺序为 {9，1，5}、{6，7，3，4} 和 {2，10，8}，如图 6.33 所示。

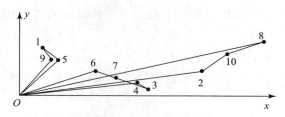

图 6.33　经优化的拣选路径

与传统的单一算法相比，对于解决 FSOPP 问题，GAPSO 混合算法的收敛速度更快、优化结果更好，它也为类似 NP 难问题的求解提供了较好的参考和借鉴。

第七章

数字化生产准备集成系统

7.1 数字化生产准备系统概述

计算机和网络技术的发展使信息的存储、处理和传递实现了数字化，同时信息对制造业的影响也日益突出，人类社会已进入信息驱动的智能化制造时代。机械制造业将不再是由物质和能量借助信息的力量生产出价值，而是由信息借助物质和能量的力量生产出价值。因此，信息产业和智力产业将成为社会的主导产业。机械制造也将是由信息主导的，并采用先进生产模式、先进制造系统、先进制造技术和先进组织管理方式的全新的机械制造业。

随着市场竞争的加剧和产品更新换代的加快，产品创新、市场营销和服务的增值作用明显提高，制造业的产出正在从单一产品转变为包含产品在内的服务和解决方案。因此，今天的制造业已经成为同时对物质、信息和知识进行处理的产业。

数字化是信息化发展的核心，全面集成的数字化企业通过集成企业的所有过程、规则、信息、资源、人员、技术，使企业成为具有协作性、学习型、虚拟化、智能化和精益型的企业，并在各方面呈现数字化的特征。要实现制造企业信息化工作，必须构造一个集成的使能平台，将 CAX、ERP、CRM、SCM 等软件集成起来，并利用集成管理技术提升企业的设计、生产、商务等能力，实现产品设计数字化、生产准备过程集成化、生产过程数字化、企业数字化，真正实现工业化和信息化的融合，并进一步实现智能制造。

数字化制造是将现代信息技术（如网络技术、图形技术等）与制造科学技术在深层次上结合而产生的交叉学科技术，其本质是支持信息化或知识化制造业的技术，主要包括：①以 CAD/CAE/CAPP/CAM 为主体的技术；②以 MIS、PDM、ERP 为主体的制造信息支持系统；③数控制造技术。

集成化被认为是发展先进制造技术的有效方法。集成化包括三个方面：技术的集成、管理的集成、技术与管理的集成。归根结底，其本质是知识的集成。先进制造技术就是制造技术、信息技术、管理科学与有关科学技术的集成。生产中的一切工作都是为制造产品服务的，生产准备也是如此。在生产准备中与产品制造有着最紧密关系的工艺准备，在生产准备的信息交流、集成过程中起着不可替代的枢纽作用。因此建立以工艺准备为核心的生产准备平台是使生产准备各环节信息得以集成的关键。

　　生产准备过程涵盖了毛坯、工艺、工装、设备等的准备工作及其相关信息的处理，其中的生产准备信息是实施生产准备工作的基础。生产准备信息存在于各项准备活动之中，其组织和管理水平直接影响生产准备活动的秩序和效率，以及生产过程的顺利进行。生产准备的信息组织技术把生产准备过程中产生的数据，按一定的功能需求进行加工和处理，形成有用的信息，然后采用计算机集成和相关信息处理的方法和手段，对信息进行采集、传输、控制、存储和交换利用，从而指导生产准备过程的有序进行。信息应用技术是动态地将各生产准备子系统的信息关联起来，形成信息网，从而有序并有效地利用信息提高生产准备效率，降低制造成本。

　　由于生产准备环节多、流程复杂，所需信息和信息源的多样性给生产准备各环节系统的集成带来了困难，并且长期不能实现其与产品设计系统的实质性集成，甚至生产准备各环节仍以"自动化孤岛"方式独立运行，各系统之间未能实现有效的集成。

　　基于平台模式的信息集成有别于以往的系统集成，取而代之的是以平台为基础的集成模式，需要集成的系统面对的不再是单个的系统，而是一个平台。平台提供了相应的集成机制、流程和工具来完成系统集成过程，实现集成后平台元素的扩充，信息的流通和共享。依据系统论的"整体大于部分之和"的原理，该平台内的各个子系统集成后的功能将远远超出各个子系统的功能总和。

　　生产准备平台模型如图 7.1 所示。

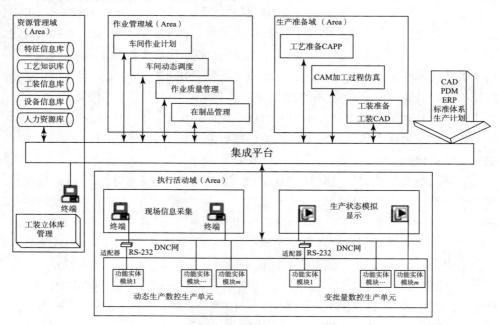

图 7.1　生产准备平台模型

　　数字化生产准备集成系统的功能模型采用 IDEF0 建模方法描述，如图 7.2 所示。系统有四大功能模块，分别是：

（1）信息预处理模块。其主要完成产品设计信息的预处理，包括特征识别和转换、可制造性评价，零件的设计信息以产品统一信息模型形式输入预处理模块后，预处理模块根据特征映射机制，参考工艺约束规范，将几何特征信息映射为工艺特征信息。

（2）工艺准备模块。其接受产品信息，包括零件和部件信息，以及经过信息预处理模块所得到的工艺特征信息，采用基于实例的模糊推理方法从工艺实例库数据提取相似实例，根据经济和技术规范，生成具体产品生产工艺，并基于工艺特征生成工步并进行排序和优化。这些零件工艺经过审批流程后，正式成为零件工艺规程。

（3）设备准备模块。其从制造资源库中获取设备的相关信息，并针对工艺工步信息，对候选设备进行评价，获取较为适宜的加工设备，并读取和处理相关设备信息，完成工艺规程，并进一步根据数控程序模板，与用户交互，生成数控程序，指导制造过程。

（4）工装准备模块。其以工装库为基础，根据工艺设计的要求，调用工装设计系统，完成工装设计，并根据生产计划的要求、工艺的要求以及设备的有关数据，提供备选的刀夹量辅具数据，对所有的工装实物进行配备，以便在合适的地点、恰当的时间向正确的工序提供适宜的工装。

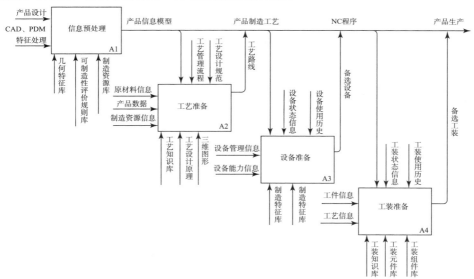

图 7.2　数字化生产准备集成系统的功能模型

7.2　数字化工艺设计系统

三维工艺设计系统是生产准备集成平台的一个子模块，该模块是连接产品设计、工装设计、设备准备的纽带。三维工艺设计系统包含制造资源建模、特征信息提取、加工元生成、加工元分组、工序编辑、工序模型生成和工艺信息输出等功能模块,三维工艺设计系统功能框架如图7.3所示。

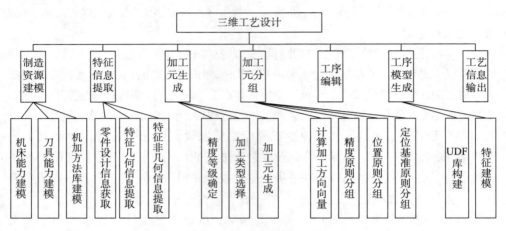

图7.3 三维工艺设计系统功能框架

进行三维工艺规划之前,需要提取零件设计模型的特征信息,其中零件设计模型的特征信息包含几何信息和非几何信息。首先提取零件特征的几何信息(面、边信息),然后再提取零件特征的非几何信息(尺寸、几何公差、表面粗糙度和基准信息),最后将零件的特征信息保存到数据库中,零件特征信息提取功能实现过程如图7.4所示。

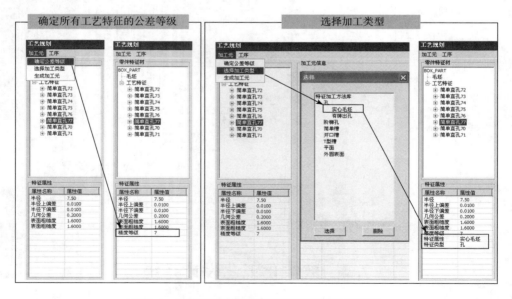

图7.4 确定公差等级和选择加工类型功能实现

基于零件特征信息生成加工元，首先需要通过零件特征的尺寸和公差信息，在标准公差表中获取该零件特征的精度等级。然后，需要选择零件特征的加工类型，基于精度等级、加工类型和材料信息，可以生成每一个零件特征的加工元。确定公差等级和选择加工类型功能实现如图 7.4 所示。加工元生成如图 7.5 所示。

图 7.5　加工元生成

　　加工元生成之后需要确定每一个加工元的加工方向向量，以便加工元分组。加工元的加工方向向量是加工元在加工时的方向向量。加工元的加工方向向量的确定是以零件设计模型的主坐标系为基准的，是通过计算加工元所属制造特征包含的面的法向向量或轴向向量等生成的，特征加工方向向量生成如图 7.6 所示。将具有相同方向向量的加工元初步分到一个加工元分组里，以便后续的加工元分组。加工元初步分组如图 7.7 所示。

　　加工元分组是将具有相同精度要求、加工方向和定位基准的加工元分到一组，是工序生成的基础。因此，加工元分组需要遵循精度原则、位置关系原则和基准原则。精度原则是将加工元按照精度要求信息自动分成粗加工、半精加工和精加工三类，并且可以手工调整。位置关系原则是将粗加工、半精加工和精加工分组中具有相同加工方向向量的加工元分成一组。按照精度原则和位置关系原则进行加工元分组的效果如图 7.8 所示。基准原则需要在零件设计模型上为每一个零件特征选择其定位基准，并且在已按照精度原则和位置关系原则进行的加工元

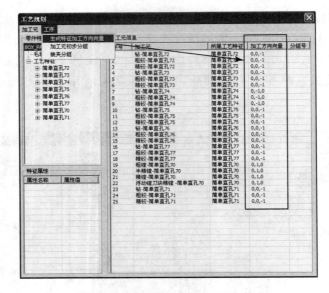

图 7.6　特征加工方向向量生成

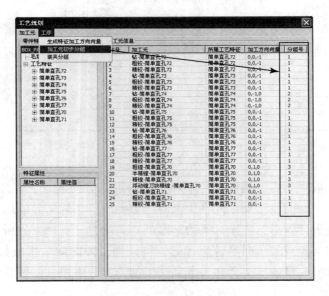

图 7.7　加工元初步分组

分组中添加定位基准信息，最后按照相同定位基准原则，重新进行加工元分组，如图 7.9 所示。

　　按照加工元分组结果，并根据先面后孔、先粗后精、先主后次、先基准后其他等工艺原则，编辑和生成零件的加工工序。工序和工步的结构以零件工艺模型树进行组织，可以编辑和显示工序信息及工序模型。箱体零件工序编辑和生成界面如图 7.10 所示。

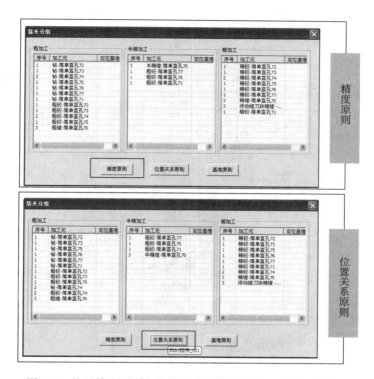

图 7.8　按照精度原则和位置关系原则进行加工元分组的效果

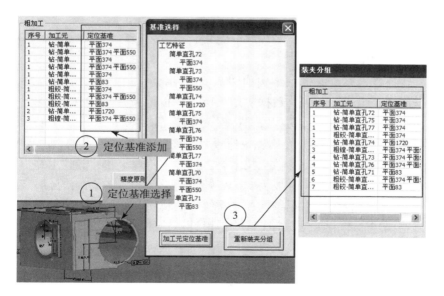

图 7.9　按照基准原则进行加工元分组

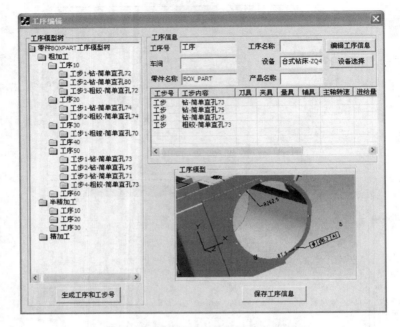

图 7.10　箱体零件工序编辑和生成界面

7.3　数字化工装设计系统

7.3.1　系统逻辑结构

工装快速设计系统的体系结构如图 7.11 所示，它由方法层、功能层、应用层和数据层四层组成，其中，数据层是系统的核心。

方法层表述了工装设计的相关支持理论和使能技术，它们构成工装设计的技术支持体系。在本书所开发的工装快速设计系统中，技术体系的核心是成组技术、基于实例的设计技术、参数化技术等。各种支持理论和使能技术并不是单一的，而是相互有机结合起来，成为支持工装快速设计的方法。方法层决定了工装设计所需信息表达模型的数据结构，是系统的逻辑层。

功能层描述了本书所开发的工装快速设计系统的功能模块。工装设计系统同时包含工装设计子系统和工装信息管理子系统。工装信息管理子系统可以实现工装的信息管理及系统维护，以保证系统的完整性和安全性。工装设计子系统完成工装的功能设计、结构设计。功能层完成工装设计，是系统的物理层。

数据层表示了系统的数据库。工装设计过程中所需要的数据及所产生的数据、工装设计过程中需要的引导和决策都在数据层中。数据层犹如系统的"仓库"，是系统的支持层。

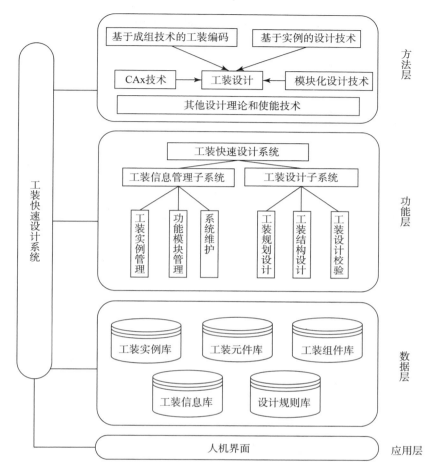

图 7.11 工装快速设计系统的体系结构

应用层是面向工装设计人员的应用界面，集成了工装知识库和各种资源库，为用户提供方便友好的用户界面和简捷的操作工具，它接受来自用户的输入信息和对设计零件的编辑操作等。在 PDM 系统的支持下，其实现工装设计所需基础数据和信息的有效获取和利用，这些基础数据和信息包括产品信息、工艺信息、工装信息等。

系统的总体功能结构如图 7.12 所示。

（1）零件编码功能。按零件号和工装类型等进行分类编码，制定编码规则，建立编码方法，采用交互式界面，编制工装分类代码系统，实现工装的标识、管理与重用，通过零件信息、工艺信息和工装信息实现工装的分类和快速检索。

（2）实例检索功能。根据零件的编码，检索相似结构的工件及类似的加工工艺的实例。若找到相似实例，通过当前零件的结构及其加工要求与实例的比

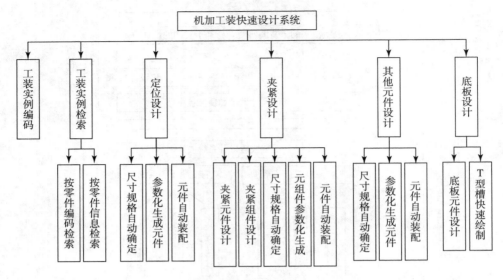

图 7.12   系统的总体功能结构

较，根据相似度对比，选择相似度较高的那个实例，可以打开这个实例进行查看，进而对当前工件得出一个合理的方案，完成工装概念设计。

（3）定位设计功能。通过设计人员捕捉定位特征信息，获得该特征的参数，根据这个参数自动从标准件库中选择对应的标准件装配到定位点上，完成定位设计。

（4）夹紧设计功能。辅助设计人员通过捕捉夹紧点的位置特征，以成组的形式导入夹紧组件，优先选择标准件，同时也可以通过输入参数快速修改生成合适的夹紧非标准元件。

（5）其他元件设计功能。除了定位夹紧元件之外，在工装的设计过程中还有一些必不可少的元件，如导向元件与部件，对刀元件与部件的设计，同样是通过捕捉特征获取参数，完成对应元件的选择与装配。

（6）底板设计功能。该功能即对于需要在底板上绘制的特征（如 T 型槽）或者标准元件进行快速设计。

7.3.2   工装设计系统的实现

本节以三维设计软件 CATIA 为例来说明工装设计系统的实现。机加工装快速设计系统的总体流程包括零件编码、实例检索、定位设计、夹紧设计、底板设计、其他元件设计等主要流程，如图 7.13 所示。

目前企业的工装设计采用宏博远达提供的 VCI – PLM 系统进行工装设计任务和产品文件的发放。工装设计人员能够从 PLM 获得的和工装设计相关的信息有以下两类：

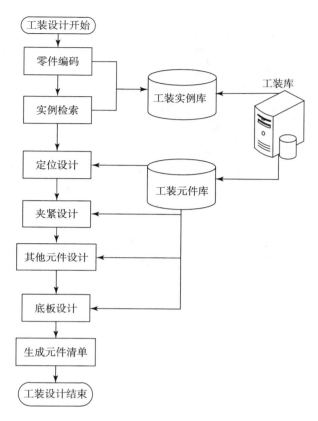

图 7.13 总体业务流程

（1）零件信息：其为三维 CATIA 数模文件，该文件以 CATIA 设计的零件 part 文件的形式存放，能够用 CATIA 软件打开三维模型，能够测量出零件的几何信息、尺寸等，同时还包含零件锻模模型，可以进行加工前后的对比，工装设计人员可以很清楚地看到加工的特征和位置。

（2）工艺信息：其为工装任务申请表（dvf 格式），以表格的形式，展示零件非几何信息以及其他要求等，如零件的编号、零件材料、材料的热处理方式、加工精度要求、机床加工类型、切削次数、每一次的切削量。

零件工装设计信息（CAD 文件），能够在 CAD 中打开其二维图，图上标出了工件的详细定位点信息、夹紧点信息。

下面以典型的框类零件为例，说明工装快速设计系统的工作流程。简单框类零件的模型如图 7.14 所示，能够从上级获得的数据有零件的工艺文件、工艺二维 CAD 图纸、零件的设计模型（绿色部分）和工序模型（半透明部分）。根据工艺文件的要求以及工序的划分，此步工序加工的内容为框内部的型腔和外部的轮廓。定位方式采用典型的"两孔一面"定位方式。

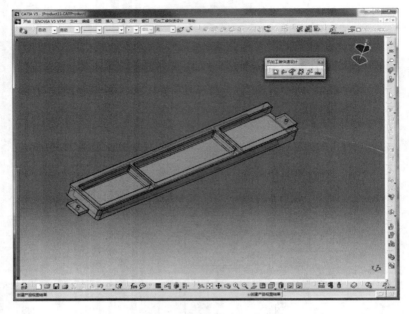

图 7.14 框类零件的模型

（1）零件编码。通过这个编码查询相似的实例。零件编码由两部分构成：零件的分类编码和零件 ID。点击工具条上的"实例编码"按钮，弹出如图 7.15 所示的对话框，对 11 个码位进行选取编码，仔细查看零件模型以及工艺文件，根据当前零件的特点，编码内容分别选取：零件大类：框；零件细类：简单框；零件材料：钛合金；零件尺寸：小；机床类型：铣床；加工方式：轮廓铣削；加工特征类型：型腔；定位方式：两孔一面 – 孔销定位；主定位面类型：平面；夹紧方式：顶面夹紧；主夹紧面类型：缘条面。然后添加零件自身 ID 号，此处为 1，完成零件编码，点击"生成编码"按钮，在生成零件编码的同时，根据编码的内容，生成零件的描述信息，可以核对零件信息，不符合的话再进行修改。

（2）实例检索。编码完成后，进行相似实例的检索，可以按照两种方式查询，即按照零件编码查询和按照零件 ID 查询。按照编码查询可以单独查询零件信息、工艺信息、工装信息或者对其进行组合来查询与选取的部分相似的实例，共有 7 种查询方式。也可以通过零件的 ID 来查询该零件所属的系列。确定好查询方式之后，点击"查询实例"按钮，查询获得实例列表。选取相似实例列表中的实例，可以查看实例零件图和工装图，同时，在对话框的右侧，会显示当前选择的相似实例的设计信息，其包括零件信息、工艺信息、工装信息和编码信息 4 个部分。

定位点信息包括定位点名称、定位面、底板平面，该处对应元件的直径 d，高度 L 等信息以及元件的标准号、牌号等。夹紧点信息包括夹紧点名称、夹紧面、底板平面、方向直线名称、对应组件的 d、L 尺寸等，以及组件内使用的每一个元件的标准号、牌号，如图 7.16 所示。

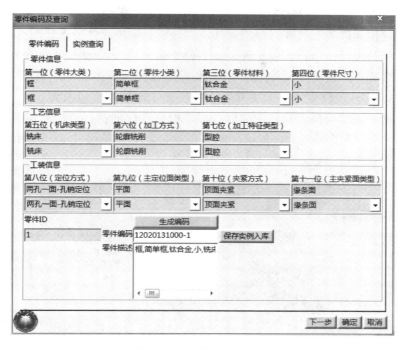

图 7.15　"零件编码"窗口

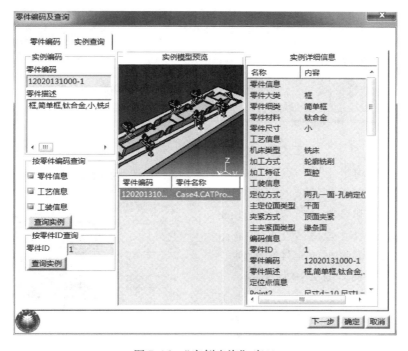

图 7.16　"实例查询"窗口

（3）定位设计。定位设计的流程为：定位面选择、定位点特征选择、定位点选择、定位元件类型选择、定位元件规格确定、定位元件插入装配。首先，根据相似实例的设计，结合当前工件，在工件上需要定位的地方创建一个定位点，定位点的名称必须改为英文名称，因为本系统元件、零件的命名会用到点的名称，而 CATIA 环境仅支持英文文件名。定位面、定位特征以及定位点通过鼠标在零件模型上进行选择。选取完成后，程序根据选取的特征自动获得两个参数，一个是尺寸 d，作为确定元件规格时的直径参数，一个是尺寸 L，作为选取元件规格时确定长度的参数，如图 7.17 所示。

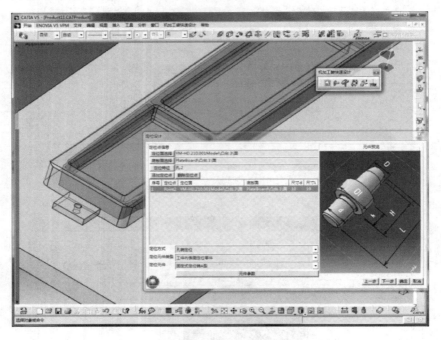

图 7.17 "定位设计"对话框

元件类型确定之后，点击"元件参数"框，可以看到选定的原件自动确定好的牌号和该牌号对应的元件的参数值。如果尺寸合适，点击"插入元件"按钮即可将当前元件装配到工件上，如图 7.18，图 7.19 所示。

（4）夹紧设计。夹紧机构设计流程为：夹紧面、夹紧点获取、夹紧类型选择、夹紧元件类型选择、夹紧元件选择、夹紧元件规格确定、夹紧元

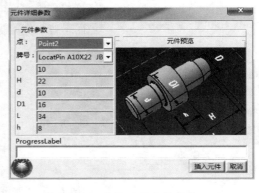

图 7.18 定位元件参数确定

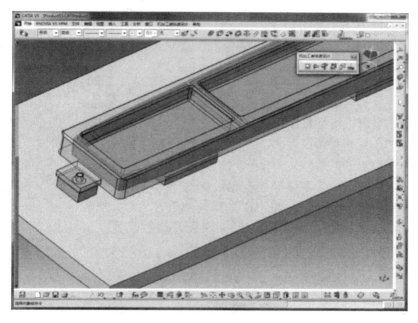

图 7.19　定位元件设计装配完成

件尺寸确定等。夹紧设计不同于定位，如果需要完成自动装配，需要在指定夹紧点的同时，通过夹紧点创建平面的法线来指定夹紧元件的装夹方向，系统设定为使用从工件内部直向外部来表明方向。夹紧面、夹紧点通过鼠标在零件模型上进行选择，如图 7.20 所示。

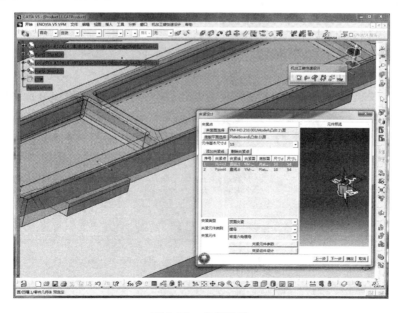

图 7.20　夹紧设计

　　夹紧设计分为夹紧元件设计和夹紧组件设计。夹紧元件的设计类似定位元件，确定好夹紧点面之后，自动获得参数，确定规格，然后完成装配设计。

　　夹紧组件设计为预先根据实际设计经验，把经常用到的组合形式进行组合，存储为文件，然后设计时通过读取文件来获得夹紧组件的类型。对同样夹紧面的几个组件，可以进行批量设计。在选取了夹紧面，底板面获得了两个设计参数之后，点击"夹紧组件设计"按钮，弹出"组件设计"对话框，这里会预先设定好默认常用的组件类型，并为每一个组件元件按照 d，L 选取合适的牌号。如系统默认的组件类型为 T 型槽螺栓平压板组件。同时在"组件设计"对话框上点击"压紧组件类型"下拉菜单可以选择其他组件类型，然后也会为每一个组件元件重新设定好标准、牌号等，存储到设计过程信息文件中去，如图 7.21，图 7.22 所示。

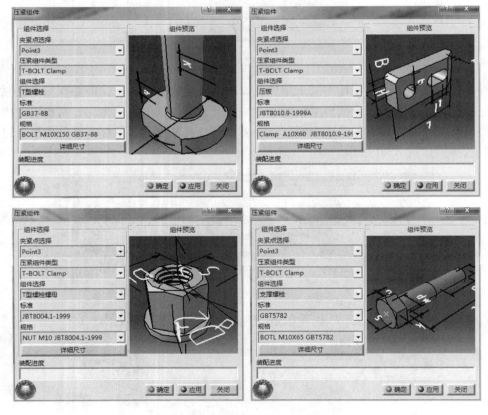

图 7.21　"压紧组件"对话框

　　（5）其他元件设计。其他元件设计的流程类似于定位与夹紧，包括元件安装点特征、安装面、元件类型选择、元件选择、元件尺寸确定。这里将元件分为

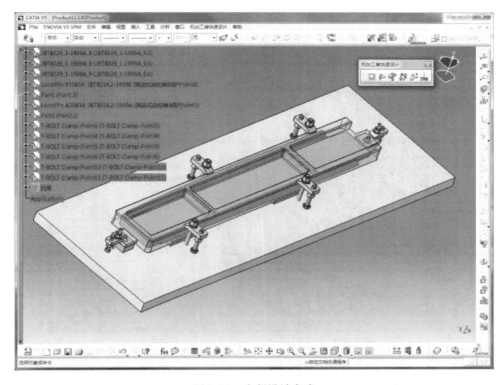

图 7.22　夹紧设计完成

导向零件与部件、对刀零件几部分，如图 7.23 所示。

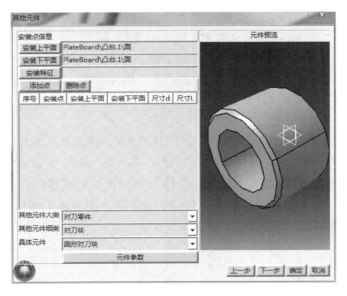

图 7.23　"其他元件"设计窗口

（6）元件的参数化修改。元件的参数化设计提供对非标元件的快速设计和修改，选中需要修改尺寸的零件，双击激活，然后点击"修改参数"对话框，如果当前激活的元件是从元件库里导入并装配的，则系统会根据该元件的名称获得该元件所属的标准号，进而获得其参数表，然后读取参数表，获得该元件的所有标准牌号系列到下拉列表中，可以选择不同的牌号尺寸，重新驱动，修改当前元件，如图 7.24 所示。

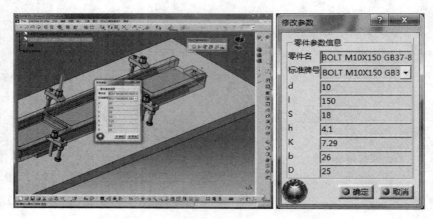

图 7.24　参数化修改元件界面

（7）T 型槽快速绘制。根据工艺文件信息，此处加工的特征为内部的型腔和外部轮廓，要求夹紧组件是可以移动的，因此需要为压紧组件的 T 型槽螺栓设计 T 型槽，以方便组件在底板上的快速移动。

按照传统的设计模式，设计一个 T 型槽的流程为：①根据 T 型槽螺栓的尺寸，查询标准，获得 T 型槽的尺寸，设计出 T 型槽的引导线；②在 T 型槽引导线的一端建立垂直于引导线的平面，在平面上根据刚刚查询的尺寸建立 T 型槽截面草图，添加尺寸约束等；③选择截面草图和引导线，进行切槽特征；④根据需要决定是否在槽的两端打孔。其中，真正需要设计人员参与的为引导线的绘制，其他工作都是重复的。

本系统预先根据 T 型槽和 T 型槽铣刀的标准，结合实际加工流程，将 T 型槽的尺寸建立在系统内，设计人员只需要激活底板，在需要的地方设计好 T 型槽的引导线草图，然后打开"T 型槽设计"对话框，依次选择 T 型槽引导线草图、T 性槽类型、T 型槽尺寸牌号，就可以画出符合标准的 T 型槽，也可以修改标准值为非标准值，完成绘制。这能够节省设计人员的设计时间，让设计人员能够把更多的精力花在理清思路上，如图 7.25 所示。最后，利用工装快速设计系统完成工装设计，如图 7.26 所示。

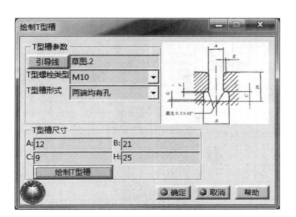

图 7.25　"绘制 T 型槽"对话框

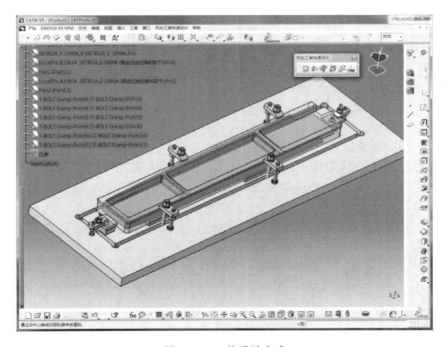

图 7.26　工装设计完成

7.4　数字化制造资源管理系统

7.4.1　设备信息管理系统

设备信息管理及能力评价系统的框架结构如图 7.27 所示，它共分三个层次，分别为功能模块层、通信接口层以及共享信息层。

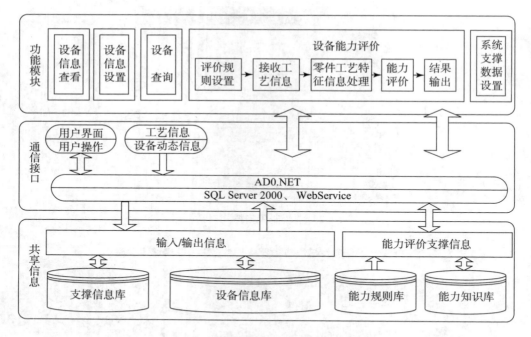

图 7.27　设备信息管理及能力评价系统的框架结构

（1）功能模块层。

该层与程序结构中的应用层相对应，包含了应用层中所涉及的与用户交互的功能模块。本层包括设备信息设置模块、设备信息查看模块、设备查询模块、设备加工能力评价模块，以及系统支撑数据设置模块。这些功能模块所需的信息及运行结果信息通过通信接口实现与共享信息层间的信息共享与传递。

（2）通信接口层。

该层是系统各功能模块与共享信息层之间信息传递的途径。所有的共享信息都采用数据库存储，本系统内的信息通过 . NET 提供的 ADO. NET 和 SQL Server 数据提供程序进行数据交互，与其他系统的信息交互除以上方法外，还通过 . NET 提供的 WebService 实现。

（3）共享信息层。

该层是系统与其他外界系统的共享数据以及系统内部的共享信息的集合。这个信息集合包括了设备信息、完成系统功能所需要的支撑信息、设备能力评价规则信息和能力评价知识信息等。这些信息存储于 SQL Server 数据库中，供其他程序调用。

1. 设备信息管理及能力评价系统的功能模块

设备信息管理及能力评价系统的主要功能模块如图 7.28 所示，系统由五大功能模块组成，分别是：

（1）设备信息设置模块：该模块分为设备信息设置和设备文档管理两个子模块。其中设备信息设置子模块负责每个设备型号及设备实例的添加、停用（删除）、信息编辑等工作，每个新添加的设备型号的信息模型都是在这个模块中根据设定规则建立起来的；设备文档管理子模块负责每台设备的相关文档的管理。

（2）设备信息查看模块：该模块主要负责向用户提供系统数据库中存储的设备相关信息数据和文档。根据不同的功能，该模块又分为静态信息查看、动态信息查看和设备文档下载三个子模块。

（3）设备查询模块：该模块负责向用户提供对设备进行查询的服务，可帮助用户精确或模糊查询需要的设备。该模块提供了三种查询模式：简单查询、高级查询和相似设备搜索。在得到搜索结果后，用户可以进一步查看该型号下所有设备的实例。

（4）设备能力评价模块：该模块在接收零件的工艺信息后，采用基于零件－设备特征匹配的模糊推理方法，为零件的某一工序选择能力最合适的设备型号。这其中包括零件工艺特征信息处理、能力评价和评价结果输出保存等过程。根据功能，该模块又分为设备能力评价和能力评价规则设置两个子模块。

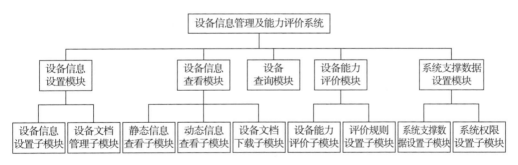

图 7.28　设备信息管理及能力评价系统的主要功能模块

（5）系统支撑数据设置模块。

2. 系统主要功能模块详细设计

1）设备信息设置模块

设备信息设置模块是系统主要的功能模块之一，是设备各类信息录入编辑的主要途径。其工作的基本流程如图 7.29 所示。

系统对设备信息的组织和管理分为四个层次——设备类型、设备组别、设备型号和设备实例，其中设备型号为最主要的层次。设备信息设置的主要功能就是设置设备型号与设备实例的相关特征信息。

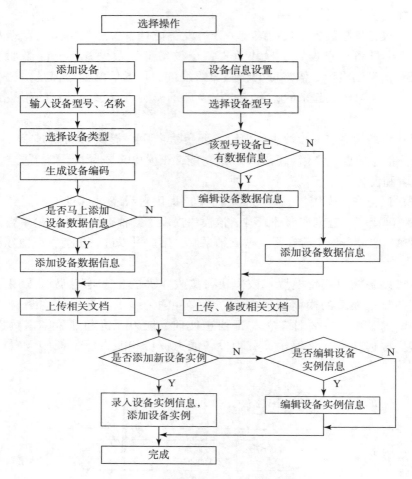

图 7.29　设备信息设置模块的基本流程

2）设备查询模块

设备查询模块是系统的主要功能模块之一。该模块提供了三种查询模式：简单查询、高级查询和相似设备搜索，其基本流程如图 7.30 所示。其中简单查询是通过设备型号、名称等关键字进行搜索，高级查询是通过设备特征参数的满足条件进行搜索，而相似设备搜索是利用模糊相似推理方法推导与基准设备选定参数相似的设备。

3）设备能力评价模块

设备能力评价模块也是系统最主要的功能模块之一。它主要向 CAPP 工艺设计人员和生产调度人员提供设备能力评价来作为其选择设备的参考。其工作的基本流程如图 7.31 所示。

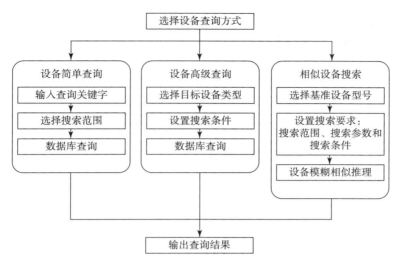

图 7.30　设备查询模块的基本流程

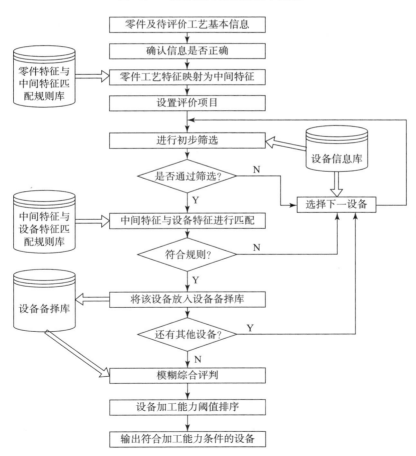

图 7.31　设备能力评价模块的基本流程

　　系统进行的设备加工能力评价是以零件－设备特征匹配为指导思想的，因此进行评价前必须接收零件及其待评价工序中的工艺特征的基本信息，但这些信息并不能直接用于能力评价，必须经过从工艺特征到中间特征的映射后才能使用。在进行评价前，可以由用户来选择和设置评价项目，使用户可以根据零件的实际情况来调整评价方向，尽量得到最合适的结果。在评价完成后，系统将给出评价结果，用户可选择评价结果或自行从设备列表中选择。

　　3. 系统实现

　　本系统以数控设备特征信息模型为基础，对设备信息进行管理，并可根据零件工艺数据对设备的综合加工能力进行描述与评价。该系统主要针对数控设备，同时也适用于其他非数控设备。

　　（1）以数控设备特征信息模型为基础，围绕设备特征对设备信息进行管理。系统采用面向对象的编程思想，建立了不同层次的设备类模型，并由此引申出由粗到精的设备管理层次。通过各个层次之间的继承，保证每个设备都建立了完整的特征信息模型。并且系统根据不同系统的需求，通过发布和使用 Web Service 实现了与工艺设计、生产监控、生产计划等部门间的设备相关信息的集成与交流。

　　（2）基于零件－设备特征匹配的设备综合加工能力描述评判方法。为了提高效率和减少工作量，引入"中间特征"的概念，将零件工艺特征与设备加工特征间的直接匹配改进为间接匹配。然后采用模糊综合评判的方法综合推导现有设备对零件的加工能力，向用户提供最适合该零件加工工序的设备型号，在这一过程中，系统提供了各种设置选项，用户可以完全控制评价的方向。另外，系统还提供能力知识库供用户查询以前进行过的评价。

　　（3）基于局域网建立。系统基于 Web 开发，为解决企业在分布式设计和制造环境下的信息交流提供了强有力的保障。

　　（4）具有良好的开放性和可扩充性。系统提供了基础设置模块，包括设备特征、用户管理、加工方法、匹配规则等，向用户开放，用户可以根据自身特点进行定制、更新和扩充。

　　系统的登录界面如图 7.32 所示，系统主界面如图 7.33 所示。

7.4.2　工装配备管理系统

1. 系统结构

　　工装配备管理系统是按工装活动流程、支撑技术和基础资源三个层次布置的，主要完成工装资源信息跟踪管理及优化配置。其框架如图 7.34 所示。

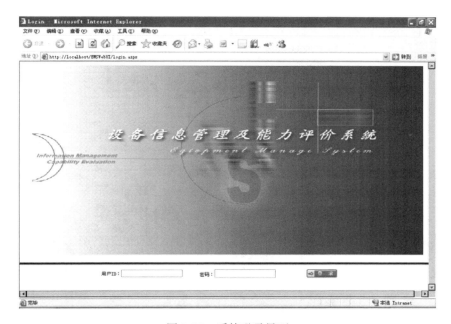

图 7.32　系统登录界面

图 7.33　系统主界面

（1）工装活动流程层表现了工装资源信息跟踪管理及优化配置的实现过程，其所列出的各个活动环节都需要一定的实践技术和基础资源支撑。本书关注的是集成环境下的活动流程：依据 CAPP 系统涉及的工序任务进行工装智能选取，即

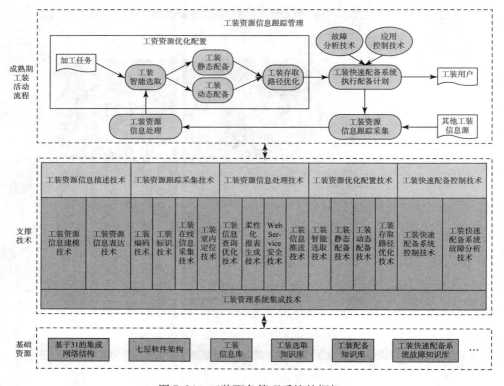

图 7.34　工装配备管理系统的框架

结合加工对象的特点自动判断并给出工装类型→采集处理后的工装实时信息,进行工装静态配备规划,若遭遇扰动事件则进行动态配备→根据工装配备计划和采集到的工装立体库实时库存信息,利用优化算法生成经过优化的存取路径→利用工装快速配备系统在应用控制技术和故障分析技术的保障下,稳定可靠地执行优化存取路径,从而将存储在立体库中的相关工装或其零部件输出到工装组装平台进行调整或组装,并在指定期限内发送给用户。

(2)支撑技术层是技术体系的核心,负责为工装资源采集、管理、优化配置提供工具集合和技术支撑。根据工装活动流程层的内在需求和流程关系,支撑技术层可分为五个顶层技术环节:工装资源信息描述技术、工装资源跟踪采集技术、工装资源信息处理技术、工装资源优化配置技术以及工装快速配备控制技术。此外,每个顶层技术环节又分别包含若干相应的基本实现技术,例如,工装资源优化配置技术可细化为工装智能选取、工装静态配备、工装动态配备和工装存取路径优化等子技术,并依赖上述子技术达成工装资源的优化配置。工装管理系统集成技术负责实现支撑技术层的模块间集成以及对基础资源层的数据访问。

(3)基础资源层是技术体系的基础,负责为工装资源信息跟踪管理及优化配置的相关应用和决策提供底层环境和规范化信息支持。其主要包括基于 3I 的集成网络结构、七层软件结构等软硬件环境，以及工装信息库、工装选取知识库、工装配备知识库、工装快速配置系统故障知识库等信息资源。

2. 系统实现

工装信息跟踪管理及优化配置系统基于 Microsoft Visual Studio. NET 2005 平台开发，编程语言为 C#，总体开发和运行环境见表7.1。其中数据库服务器用于存储工装信息和提供各种数据操作，Web 服务器用于实现无需直接调用硬件端口的信息管理类功能模块，应用服务器用于实现与表 7.1 中所示硬件相关的通信、组态和控制功能，而客户端以 Web 页面和 Windows 窗体相结合的形式响应和支持用户的日常操作。此外，系统还基于 Web Service 技术将相关功能以网络服务形式统一注册和发布到 Web 服务器的 UDDI 注册中心，以便其他相关应用系统发现和调用，使得整个系统更具集成性和扩展性。

表 7.1　工装信息跟踪管理及优化配置系统的开发和运行环境

数据库服务器	Windows 2003 Server 或以上 Oracle 10g 或以上（Microsoft SQL Server 2005 亦可） 网络协议：TCP/IP
Web服务器	Windows2003 Server 或以上 Microsoft IIS 5.1 或以上 网络协议：TCP/IP
应用服务器	IIS 6.0 或以上，Microsoft. NET Framework 2.0 或以上，支持的 OPC XML – DA 1.0 或以上标准的 OPC – XML 服务器 网络协议：TCP/IP
客户端	Windows 2003 Professional 或以上 IE6.0 或以上 开发或运行控制系统的上位机需要额外安装 Microsoft. Net Framework 2.0 或以上，Kepware ClientAce OPC 接口中间件 网络协议：TCP/IP
主要硬件环境	Samsys MP9320 射频读写器、Symbol 射频标签、MS7320 条码阅读器、推荐使用 Big Daishowa 生产自带识别标签的工装 加工信息采集采用推荐支持 SINUMERIK 840Di、FANUC 18ⅰ数控系统的机床工装快速配备 PLC 控制系统配置参见表 5.1 驱动装置采用 Siemens MM440 变频器、ILA7 系列电机

工装信息跟踪管理及优化配置系统主要包括下列功能模块：

（1）工装信息管理：实现工装的编码、信息查询、信息维护、信息采集等功能。

（2）工装快速配备管理：支持工装选取、静态配备和动态配备的方案生成以及相关信息的管理。

（3）工装立体库管理：实现工装库存信息管理信息和库存管理作业功能，还支持作业路径优化。

（4）工装立体库故障分析：提供基本的故障树定性和定量分析工具以及OPC通信测试工具，辅助系统设计人员、管理员、维修人员进行故障定量分析。

（5）工装设计管理：管理工装的设计方案和相关设计信息，并提供辅助设计功能。

（6）系统设置：实现用户管理、报表管理、信息推送设置、数据库连接参数以及其他系统基础设置。

图 7.35 所示为部分系统界面。

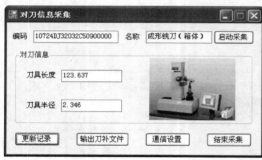
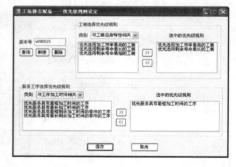

图 7.35　部分系统界面

7.5　生产准备集成系统

生产准备过程可以被看成一个以工艺为核心的过程，以工艺准备为主线的工作流程可贯穿整个生产准备过程。由于同一信息在不同的系统中有不同的表达方式，这不利于系统间的信息集成和共享，为解决这一问题，可在系统底层采用统一的编码规则对底层信息进行编码和规范处理，并满足如下需求：

（1）采用标准代码。编码设计应被纳入标准化轨道。尽量采用已有的标准代码，需要重新设计代码时，应考虑到与标准代码兼容和转换。

（2）多组代码兼容。代码设计时应考虑到与其他信息代码的内在联系，做到相关代码的兼容，以提高代码的适应性，减轻数据采集及填报的工作量，减少数据冗余度。因此整个生产准备平台是建立在一套编码规则体系之上的。

生产准备平台的总体结构如图 7.36 所示。整个生产准备平台包括三层：用户界面层、应用逻辑及数据管理层，以及管理对象及环境层。用户界面层负责提供各种交互功能。交互方式分为两种模式：一种是基于浏览器形式的（WebUI），该模式属于瘦客户端类型，即客户端无需安装其他软件，仅通过浏览器便可进行相应的操作；另一种是 Windows 窗体形式的（WinUI），该模式属于胖客户端类型，即客户端需安装必要的软件方能进行相应的操作。这两种模式各有利弊，可根据所要完成的任务及不同的需求进行相应的配置。

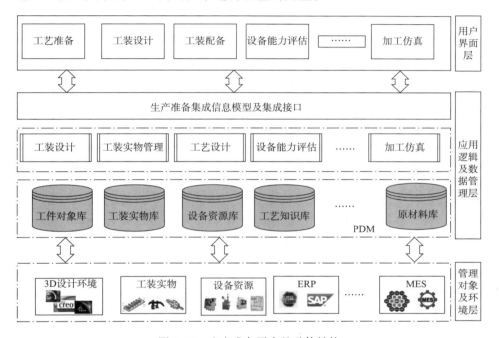

图 7.36 生产准备平台的总体结构

应用逻辑层通过应用集成接口接收用户界面层的数据信息，根据业务需求获取数据，并经过业务逻辑对数据进行处理，完成规定的功能。它包括工装设计子系统、工装实物管理子系统、工艺设计子系统、设备能力评估子系统和加工仿真子系统。各个子系统之间通过网络服务（WebService）、远程对象（.Net Remoting）以及底层数据库这三种方式传递数据。

数据管理层管理着生产准备各个方面的数据信息，为应用逻辑层提供数据支持。它包括工装设计库、工装实物库、工件对象库、工艺知识库和设备资源库、原材料库等。

生产准备平台是将制造系统的所有功能活动组件整合起来，形成一个紧密的系统，对制造系统的功能活动组件的集成和互操作提供支持，并对它们进行管理。从软件实现的角度来看，生产准备平台是一个由许多集成服务功能组成的中间件，为制造系统执行活动组件集成提供一个统一的环境。

参 考 文 献

[1] 李梦群. 相似制造工程理论与实施技术研究 [D]. 北京：北京理工大学，2006.

[2] 张光鉴，张铁声，金山，等. 相似论 [M]. 南京：江苏科学技术出版社，1992.

[3] 周美立. 相似工程学 [M]. 北京：机械工业出版社，1998.

[4] Nallan C. Suresh, John M. Kay. Group Technology and Cellular Manufacturing: State-of-the-Art Synthesis of Research and Practice [M]. Kluwer Academic Publishers, Boston, USA, 1998.

[5] 许香穗，蔡建国. 成组技术 [M]. 北京：机械工业出版社，1987.

[6] 陈宗舜. 制造业信息化与信息编码 [M]. 北京：清华大学出版社，2004.

[7] 吴超华，吴人知. 基于特征的机械产品分类编码系统设计 [J]. 成组技术与生产现代化，2005 (2)：51 –53.

[8] 张东森，吴敏亚. 信息分类编码技术在机械制造业的应用研究 [J]. 成组技术与生产现代化，2004，21 (1)：50 –52.

[9] 汪培庄，李洪兴. 模糊系统理论与模糊计算机 [M]. 北京：科学出版社，1996.

[10] 胡宝清. 模糊理论基础 [M]. 武汉：武汉大学出版社，2004.

[11] 常大勇，张丽丽. 经济管理中的模糊数学方法 [M]. 北京：北京经济学院出版社，1995.

[12] 秦洁，张德智. 引信可生产性评价系统分析与实现 [J]. 兵工学报，2005，26 (3)：316 –319.

[13] 刘锁兰，张秉权，郝永平. 等. 引信可生产性设计评价及特征识别技术的应用 [J]. 计算机应用研究，2005 (5)：53 –54.

[14] Muh-Cherng Wu, Shih-Ching Wu, Tai-Chang Hsia, Shang-Hwa Hsu. A Similarity Inference Method for Reducing the Cost of Pair Comparison [J]. Int J Adv Manuf Technol, 2006 (27)：774 –780.

[15] Hsu SH, Hsia TC, Wu MC. A flexible Classification Method for Evaluating the Utility of Automated Workpiece Classification System [J]. Int J Adv Manuf

Technol, 1997 (13): 637 – 648.

[16] 张凤君. 具有健壮性的加工特征识别系统研究及其应用 [R]. 杭州: 浙江大学, 2002.

[17] 王华栋, 王润孝. 基于 O – O 方法的 CAPP 系统制造资源结构建模 [J]. 制造业自动化, 2003, 25 (8): 25 – 29.

[18] 石旭东, 李峰, 李军, 等. 面向可制造性评价的虚拟制造资源建模 [J]. 中国机械工程, 2002 (17): 49 – 52.

[19] 融亦鸣, 张发平, 卢继平. 现代计算机辅助夹具设计 [M]. 北京: 北京理工大学出版社, 2010.

[20] 葛晨, 乔立红. 制造特征信息建模及其实例化方法 [J]. 计算机集成制造系统, 2010, 16 (12): 2570 – 2576.

[21] Riou A, Mascle C. Assisting designer using feature modeling for lifecycle [J]. Computer-Aided Design, 2009, 41 (12): 1034 – 1049.

[22] 汤岑书, 褚学宁, 孙习武, 等. 基于几何与公差信息的加工特征识别方法 [J]. 计算机集成制造系统, 2010, 16 (2): 256 – 262.

[23] 韩娟, 张发平, 高博, 等. 基于图和规则的混合式特征识别技术 [J]. 机械设计与制造, 2013 (3): 97 – 100.

[24] Miao H K, Shah N S & J J. CAD-CAM integration using machining features [J]. International Journal of Computer Integrated Manufacturing, 2002, 15 (4): 296 – 318.

[25] 肖伟跃. CAPP 的反思与展望 [J]. 成组技术与生产现代化, 2007, 24 (4): 1 – 5.

[26] 付群, 郭君, 刘宁. 产品可制造性评价理论研究 [J]. 一重技术, 2007 (2): 78 – 80.

[27] 刘红军, 莫蓉, 范庆明, 万能. 基于特征的产品可制造性评价方法研究 [J]. 制造技术与机床, 2005 (12): 30 – 33.

[28] 高博. 三维设计制造集成环境下的夹具设计重用关键技术研究 [D]. 北京: 北京理工大学, 2014.

[29] Wei S, Li C H, Park S C. Genetic algorithm for text clustering using ontology and evaluating the validity of various semantic similarity measures [J]. Expert Systems with Applications, 2009, 36: 9095 – 9104.

[30] Sánchez D, Batet M, Isern D. Ontology-based semantic similarity: A new feature-based approach [J]. Expert Systems with Applications, 2012 (39): 7718 – 7728.

[31] Sánchez D, Batet M. Semantic similarity estimation in the biomedical domain: An ontology-based information-theoretic perspective [J]. Journal of Biomedical

Informatics，2011（44）：749 – 759.

［32］ Sánchez D，Batet M，Valls，et al. Ontology-driven web-based semantic similarity ［J］. Journal of Intelligent Information Systems，2010（35）：383 – 413.

［33］ Qi J，Hu J，Peng Y H，et al. A case retrieval method combined with similarity measurement and multi-criteria decision making for concurrent design ［J］. Expert Systems with Applications，2009，36（7）：10357 – 66.

［34］ 郝佳，杨海成，阎艳，等. 面向产品设计任务的可配置知识组件技术研究 ［J］. 计算机集成制造系统，2012，18（4）：705 – 712.

［35］ 朱春生. 基于 UG 的飞机工装标准件库技术的研究与实现 ［D］. 南京：南京航空航天大学，2007.

［36］ 陈明生. 航空焊接夹具设计重用关键技术研究与实现 ［D］. 南京：南京航空航天大学，2006.

［37］ 胡家喜，周来水，卫炜，等. 面向航空发动机工装快速设计系统的信息模型研究 ［J］. 制造业自动化，2010，32（12）：26 – 29.

［38］ Wang H，Rong Y M，Li H，et al. Computer aided fixture design：Recent research and trends ［J］. Computer-Aided Design，2010，42（7）：1085 – 1094.

［39］ Boyle I，Rong Y，Brown D C. A review and analysis of current computer-aided fixture design approaches ［J］. Robotics and Computer-Integrated Manufacturing，2011，27（1）：1 – 12.

［40］ 张国政. 计算机辅助夹具设计系统的定位方案研究 ［D］. 合肥：合肥工业大学，2009.

［41］ 孟俊焕. 计算机辅助工装设计中的定位误差分析与建模 ［J］. 机械工程与自动，2004（06）：35 – 37.

［42］ Asante J N. Effect of fixture compliance and cutting conditions on workpiece stability ［J］. The International Journal of Advanced Manufacturing Technology，2010，48（1 – 4）：33 – 43.

［43］ Deiab I M. On the effect of fixture layout on part stability and flatness during machining：a finite element analysis ［J］. Proceedings of the Institution of Mechanical Engineers，Part B：Journal of Engineering Manufacture，2006，220（10）：1613 – 1620.

［44］ H. -D. Kunze Competitive Advantages by Near-Net-Shape Manufacturing，2000，3.

［45］ A. Y. C. Nee，Soh K. Ong，Yun G. Wang. Computer Applications in Near Net-Shape Operations，2012. 10.

［46］ Dong-Yol YangTechnology innovation and future research needs in net shape manufacturing，Proceedings of the 6th International Conference and Workshop on Numerical Simulation of 3D Sheet Metal Forming Processes, 15 – 19 Aug. 2005, Detroit, MI, USA.

[47] Xinhua Wu. Net gains [net shape manufacturing] Materials World, v 17, n 11, 34 – 6, Nov. 2009; ISSN: 0967 – 8638; Publisher: Maney Publishing, UK.

[48] 张发平, 孙厚芳, 程光耀. 端铣加工表面误差预报模型 [J]. 北京理工大学学报, 2004 (1).

[49] K. H. Hunt Kinematic Geometry of Mechanisms. Clarandon Press, Oxford, 1978.

[50] M. S. Ohwovoriole, B. Roth. An extension of screw theory. ASME Journal of Mechanical Design, 1981 (103): 725 – 735.

[51] Ben-Israel, A., and Greville, T. N. E., Generalized Inverses: Theory and applications, John Wiley and Sons, New York, 1974.

[52] Zhihui Liu; Michael Yu Wang; Kedian Wang; Xuesong Mei; Guo Hua. One Fast Fixture Layout and Clamping Force Optimization Method Based on Finite Element Method. oc. ASME. 45110; ASME/ISCIE 2012 International Symposium on Flexible Automation: 9 – 15. June 18, 2012 ISFA2012 – 7130 pp. 9 – 15.

[53] Edward C. De Meter, Wei Xie, Shabbir Choudhuri, al. A model to predict minimum required clamp pre-loads in light of fixture-workpiece compliance. International Journal of Machine Tools & Manufacture, 2001 (41): 1031 – 1054.

[54] Zhang FP. Research on Computer Aided Workpiece-fixture System Stiffness Analysis and Machining Precision Control Technology. Beijing 2005. 3.

[55] 陈维克, 吴波, 杨叔子, 等. 重型机械工艺设计中机床资源动态模型的研究与应用 [J]. 中国机械工程, 1996, 7 (4): 62 – 64.

[56] Liu Chengyi, Wang Xiankui, He Yuchen. Research on manufacturing resource-modeling based on the O-O method [J]. Journal of Materials Processing Technology, 139 (2003): 40 – 43.

[57] 蒋亚南, 楼应侯. 中小型企业设备管理系统的编码设计与应用 [J]. 计算机工程与应用, 2003 (10): 217 – 219.

[58] 靳勇强. 数控设备信息建模及综合能力描述技术研究 [D], 北京: 北京理工大学, 2006.

[59] 李蔚, 章易程, 席光表, 胡友良. 基于零件 – 设备特征匹配的 CAPP 系统的研制 [J]. 机械设计, 2000 (10): 13 – 15.

[60] 李蔚, 章易程, 罗意平, 杨岳, 胡友良. 基于零件 – 设备特征匹配的 CAPP 系统中的信息描述 [J]. 机械设计, 2000 (12): 42 – 44.

[61] David A. Marca, Clement L. McGowan. IDEF0 and SADT: A Modeler′s Guide [M]. Auburndale: OpenProcess, 2006.

[62] Cheng, F. T., Yang, H. C., Kuo, T. L., et al. Modeling and Analysis of E-

quipment Managers in Manufacturing Execution Systems for Semiconductor Packaging [J]. IEEE Transactions on Systems, Man, And Cybernetics-Part B: Cybernetics, 2000, 30 (5): 772 – 782.

[63] Dorador J M, Young R M. Application of IDEF0, IDEF3 and UML methodologies in the creation of information models [J]. Computer Integrated Manufacturing, 2000, 13 (5): 98 – 105.

[64] 杨洁, 刘云. 基于 CIMS 环境的刀具编码系统的研究 [J]. 精密制造与自动化, 2004 (1): 33 – 35.

[65] 聂建林, 王时龙, 李强. 机加工车间数控工具编码系统 [J]. 组合机床与自动化加工技术, 2005 (11): 61 – 63.

[66] GB/T 20529. 1 – 2006 企业信息分类编码导则 第 1 部分: 原则与方法 [S]. 北京: 中国标准出版社, 2007.

[67] JB/T 9164 – 1998 工艺装备编号方法 [S]. 北京: 机械工业出版社, 1998.

[68] 钟南星. 基于自动化立体库的刀具配置及管理研究 [D]. 长沙: 国防科技大学, 2005.

[69] 蒋新宇. 基于特征的刀具智能选取及其数据管理技术研究 [D]. 杭州: 浙江大学, 2003.

[70] Vieira G. E., Jeffrey J. W., Edward L. Predicting the performance of rescheduling strategiesfor parallel machine systems [J]. Journal of Manufacturing Systems, 2000, 19 (4): 256 – 266.

[71] 袁欣. 基于柔性加工路径的车间作业动态调度系统研究 [D]. 北京: 北京理工大学, 2005.

[72] 宫琳. 数字化生产车间生产过程管理关键技术研究 [D]. 北京: 北京理工大学, 2005.

[73] Kanet J. J., Sridharan V. The Electronic Leistand: A New Tool for Shop Scheduling [J]. Manufacturing Review, 1990 (3): 161 – 170.